眠れなくなるほど面白い！

図解 最新 宇宙の話

国立天文台 教授 渡部潤一 監修
JUNICHI WATANABE

日本文芸社

巻頭インタビュー
これからの宇宙研究の行方

第二の地球が10年、20年後には見つかる可能性があります

自然科学研究機構 国立天文台 教授　渡部潤一

観測機器の進歩で見えなかったものが見えるように

近年、宇宙観測の技術は大きく進歩し、そのおかげで、これまで見えていなかったものが見えるようになりました。

たとえば、電子撮像素子《さつぞうそし》の感度がよくなり、かつコンピュータ処理が早くなったことで、実は今まで気がつかなかった小さな天体が、地球のそばをびゅんびゅん飛んでいるというのがわかってきました。「はやぶさ」が到達したイトカワや、「はやぶさ2」のリュウグウよりももっと小さな、数十メートル級の天体がたくさん飛んでいるのです。

これらは、地球接近小惑星や、ポテンシャル・ハザード・アステロイドと呼ばれる、地球に衝突する可能性のある危ない小天体です。

2013年2月にロシアのチェリャビンスクに落下した隕石は、NASAの発表によると直径17メートルの小惑星で、

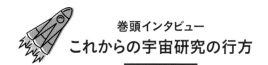

NASA/JPL

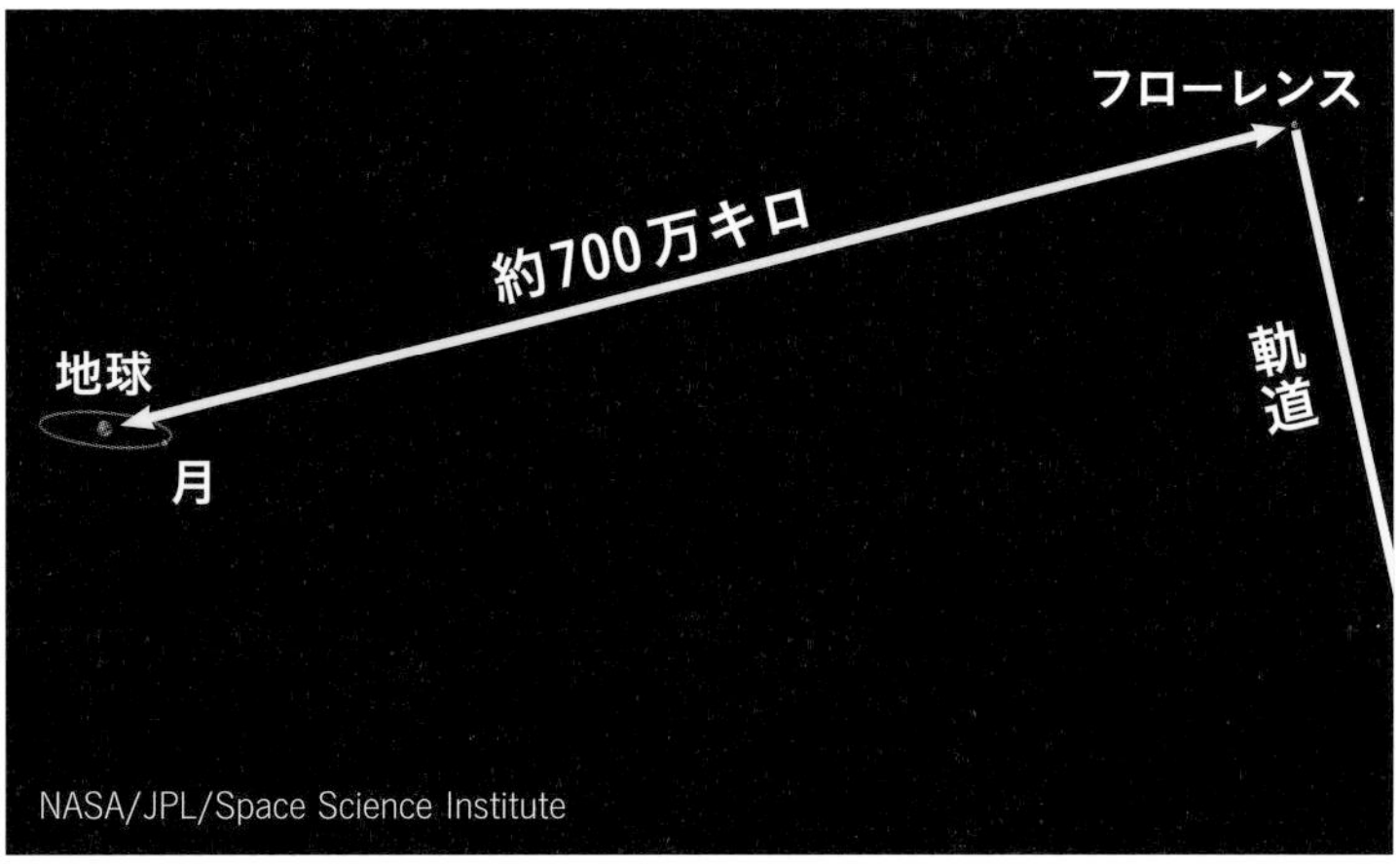
フローレンス
約700万キロ
地球
月
軌道
NASA/JPL/Space Science Institute

2017年9月、地球に約700万キロメートルという距離まで接近した小惑星フローレンス（左／想像図・右／その軌道）。直径は約4〜8.9キロメートルあり、これほど大きな小惑星が地球に大接近したのは、NASAの観測史上初。2020年3月にも、直径約1.8〜4キロメートルの小惑星が接近した。

上空45〜28キロメートルで強い衝撃波を発生し、多くの建物のガラスが割れ、数千人の人々に被害を及ぼしました。

小天体が数十メートルサイズになると、これもロシアのツングースカで１９０８年6月に起こった大爆発のようなことになります。このときは幸い森林に落下したので人的な被害はありませんでしたが、東京都心から約20キロメートル四方に相当する面積が焼け野原になりました。

実はこのようなことは数百年から数千年に1回程度は起きるのです。

地球は的が小さいので衝突することは稀ですが、危険な天体が数多く地球のそばを通過していることは確かです。

危険な小天体の軌道を把握し最新技術で徐々に軌道を修正

実際に衝突してしまったら大変なことになります。そうならないためには、まず危険な小惑星を数多く探して、それらの軌道を把握し、本当にぶつかるのかを将来に渡って観察することが必要になります。すでに国連の中にそれを行なう専門の組織ができつつあります。

ただ、小さな天体というのは、すごく近づくまでわからないことが多いのです。２０１３年のチェリャビンスクの場合は、隕石が落下するまでわかりませんでした。これは、隕石が太陽の方角から落ちてきたから捉《とら》えることができなかったのです。

50メートル級の小惑星なら、太陽の反対側からやってきても、数日程度しか時間はありませんから、急いで避難する必要があります。

しかし、すでに、危険な小天体をあらかじめリストアップして軌道を把握して、50年後、１００年後に衝突しそうだとわかった場合、衝突を回避する技術が開発されつつあります。

「爆破させればいいのでは？」と思うかもしれませんが、小惑星を爆破させると破片が増えて、かえって被害が増えてしまいます。それは映画の中のお話です。

ではどうするかというと、たとえば、小惑星に太陽の光を受けるための帆を立てて、太陽の光の圧力を与え続けるという方法があります。太陽の光の圧力は1円玉を地面に置いたときの圧力程度ですが、それでも50年続ければ、小惑星の軌道は変わります。

これは宇宙帆船という技術で、実用化できたのは日本だけです。アメリカもロシアも成功していません。

また、レーザーを照射して少しずつ押すという方法もあり、ここ10年の間には、この2つの方法を併用することになると思います。

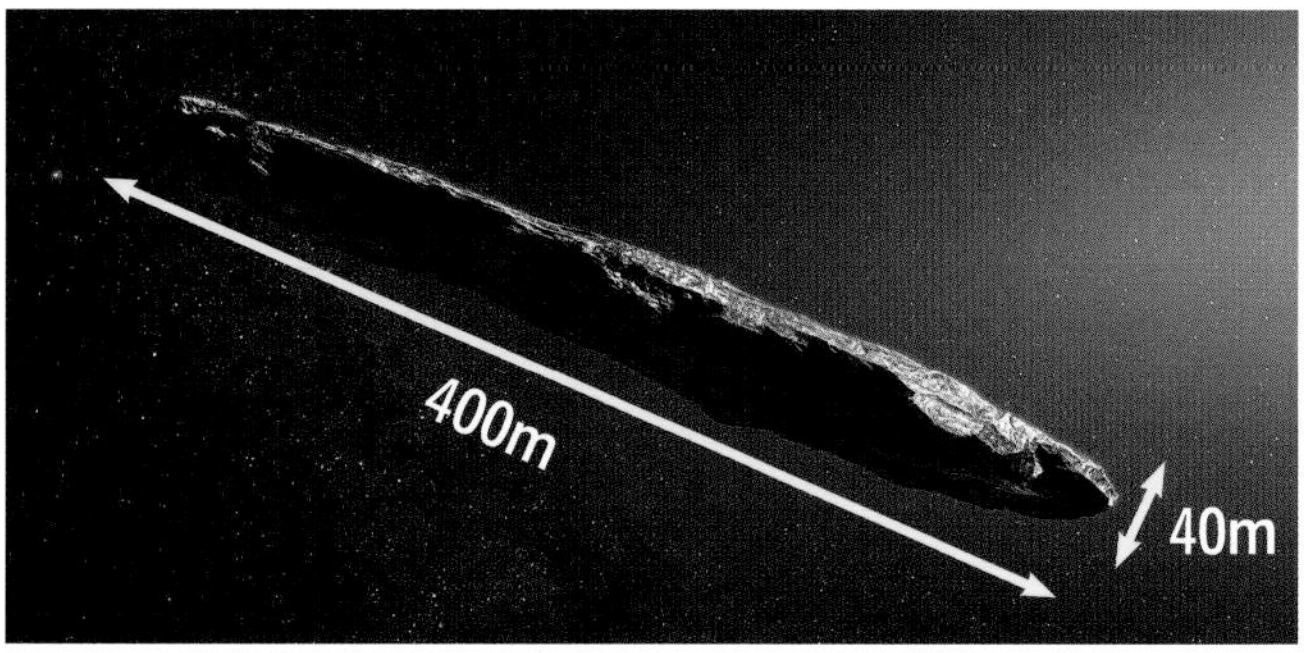

2017年10月、ハワイの天体望遠鏡が捉えた太陽系外小天体オウムアムア。棒状でその比率は10対1という奇妙な姿だった／European Southern Observatory/M. Kornmesser

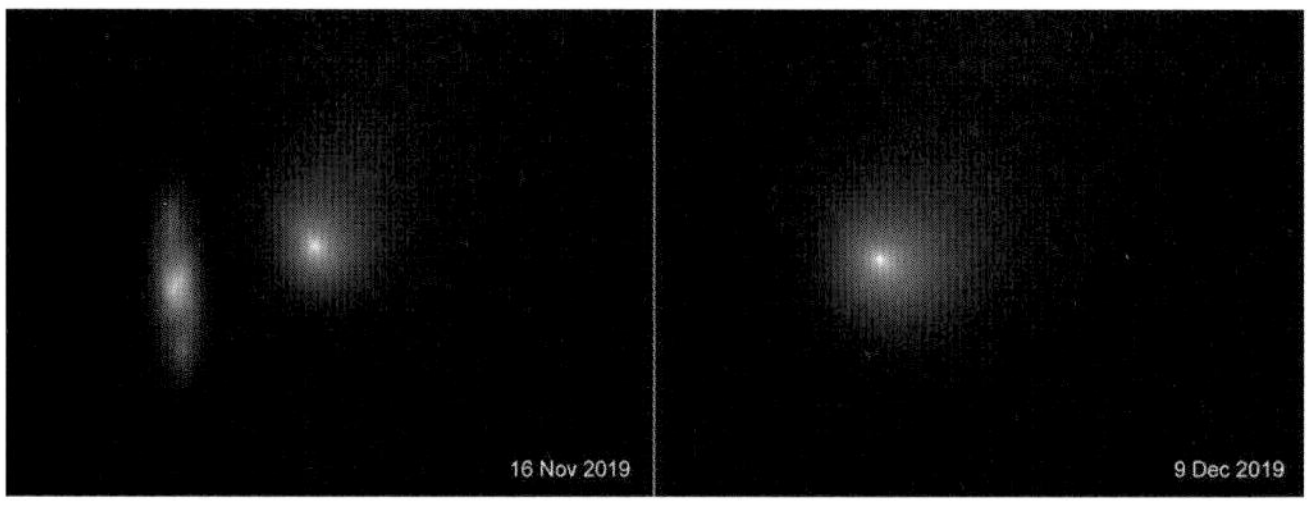

2つ目の太陽系外天体、ボリソフ。銀河の近く（左）と、太陽に最も接近した直後（右）の姿／NASA, ESA and D. Jewitt (UCLA)

太陽系外小天体も続々とやってきている！

ここ数年、予想もしていなかった天体が見つかっています。

それが、太陽系外起源の小天体です。

彗星のような、あるいは小惑星のような天体が発見されています。

2017年に発見されたオウムアムアは、我々人類が発見した初めての太陽系外起源の小天体でした。

その天体を観測したとき、天文学者は大変興奮しました。「こんなことは一生に1回あるかないか」だと思ったのです。しかし、その2年後にはボリソフという天体が太陽系の外からやってきました。

このことで、天文学者たちは、2つの太陽系外起源の小天体がたまたま時間的に近いタイミングでやってきたのか、それとも我々が今まで見逃してきたのか、と考えるようになりました。

それは今後の研究でわかることですが、「たまたま」というのはないはずです。

つまり、観測技術が発達した最近になって見えてきたと考えるのが自然で、実はずっと前から、太陽系外からも続々と小惑星のような天体がやってきていると考えられるのです。

これからは同様の小天体が観測される

事例も増えるのではないでしょうか。

今後の宇宙研究の最大のテーマは第二の地球を探すこと！

我々天文学者が今後の宇宙研究で最もやりたいことは、第二の地球を見つけ、宇宙生命を探すことでしょう。

これは、大型の30メートルクラスの望遠鏡の建設が進めば、間違いなく見つけられます。すでに第二の地球候補として、30から40個の惑星が挙がっています。

これからは、候補の天体を直接、または間接的に見る。そしてその惑星に大気があるかどうかを見る。大気があることがわかっている惑星もありますが、成分まではまだわかりません。成分の中に酸素があるか、オゾンがあるかが鍵になります。酸素は地球型生命が存在する証拠となりますから。

残念ながら、それをするためには、現在の望遠鏡は力量が不足しています。ただ、世界中の学者が狙っていて、宇宙望遠鏡で現在のものよりもっと大きなものを打ち上げるか、30メートルクラスの巨大な地上望遠鏡をつくるか、今その競争になっています。

ですから、技術の進歩によって、10年、20年後くらいには地球に似た、生命がいそうな惑星もわかってくるでしょう。

このように、観測技術の発達によってこれからの宇宙研究は各段に進歩します。そして、これまで想像もしなかったことが、地球のすぐそばで常に起こっていることに驚くはずです。

PROFILE

渡部潤一　1960年、福島県生まれ。1983年、東京大学理学部天文学科卒業、1987年、同大学院理学系研究科天文学専門課程博士課程中退。東京大学東京天文台を経て、現在、国立天文台副台長・教授。総合研究大学院大学教授。太陽系天体の研究のかたわら最新の天文学の成果を講演、執筆などを通してやさしく伝え、幅広く活躍している。

巻頭
TOPICS
1

はやぶさ2、小惑星リュウグウのサンプルを抱えて帰還中！

●はやぶさ２ ミッションスケジュール

2020年

5月～　帰還フェーズ第2期イオンエンジン運転開始　予定

10月～　リエントリ精密誘導　予定

11月-12月　カプセルリエントリ　予定

※このスケジュールは、いろいろな要因で変更される可能性があります。

JAXAはやぶさ２プロジェクトHPより（一部転載）

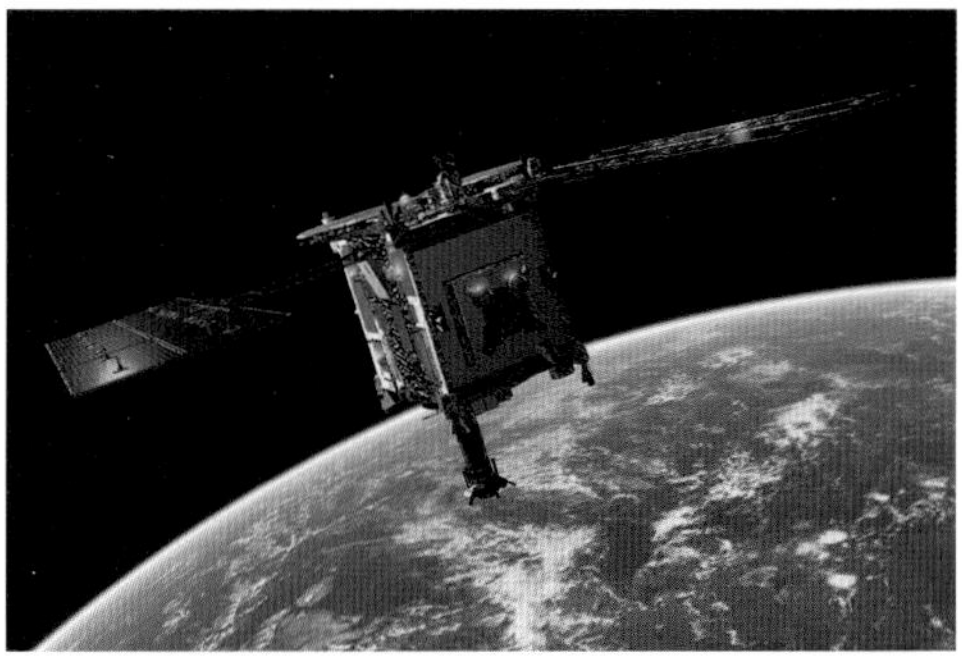

地球を出発する「はやぶさ２」の想像図／イラスト：池下章裕

リュウグウの姿。2018年6月30日、14:13（日本時間）頃、はやぶさ２によって撮影。有機物などを多く含むと考えられているC型小惑星のリュウグウは、太陽系初期の情報を多く保っているとされる／ JAXA、東大など

小惑星表面にタッチダウンする「はやぶさ２」の想像図。リュウグウのような微小重力の小惑星に近づいてサンプルを採取することは非常に困難。はやぶさ２の成功で、日本の探査技術は海外でも高く評価されている／イラスト：池下章裕

生命の起源につながる発見に期待

はやぶさ2は、2020年12月にオーストラリアのウーメラ砂漠地帯に、小惑星リュウグウの物質が入ったカプセルを帰還させる予定です。

サンプルはリュウグウの表面と内部の物質で、内部の物質は爆薬で人工的にクレーターを作り、その近くの噴出物を採取しました。表面は太陽の紫外線やX線、宇宙線で、宇宙風化という特殊な変化をしますが、内部はその風化を受けていません。外側と内側を調べることで、宇宙風化はどのように進み、どのような変化があるのかを知ることができます。

また、リュウグウはC（カーボンの略）型小惑星なので、炭素質の物質をたくさん持っています。そのため、生命の起源につながる発見があるのではないかと、世界的にも非常に期待されています。

巻頭
TOPICS
2

影の撮影に成功した ブラックホール。しかし謎は深まるばかり！

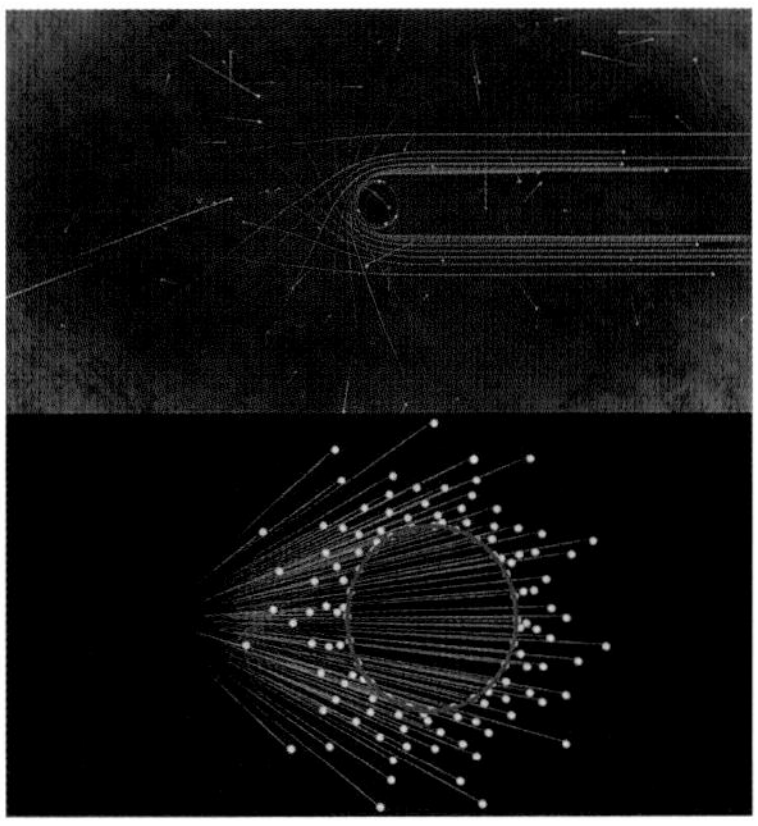

上図は、ブラックホールの影と、まわりに光の環ができる理由を示した模式図。下図は、我々の方向にやってくる光の軌跡／ Nicolle R. Fuller/NSF

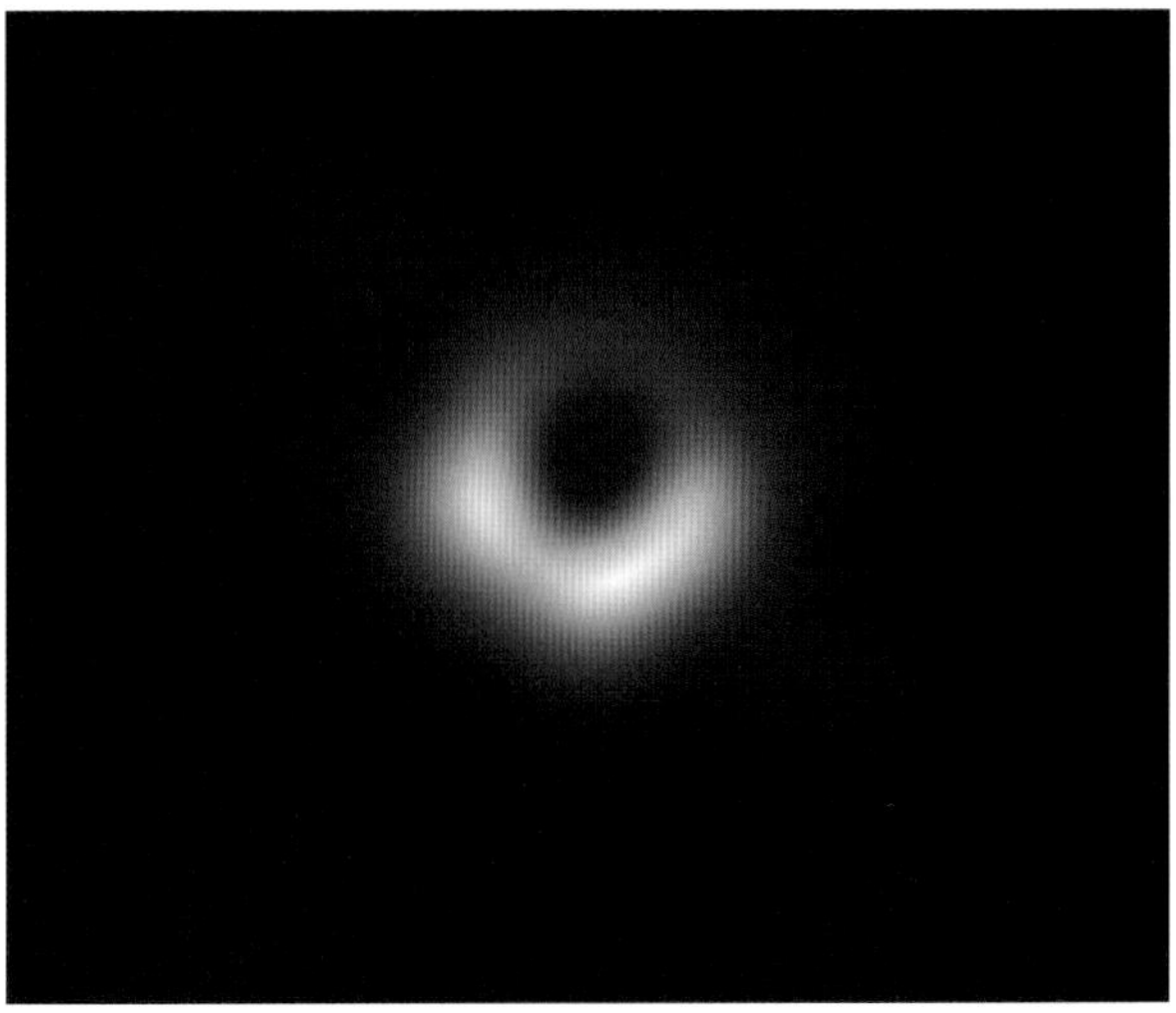

おとめ座銀河団の中心部にある巨大ブラックホールM 87の影を捉えた電波画像／ EHT Collaboration、国立天文台提供（詳細は71 ページ）

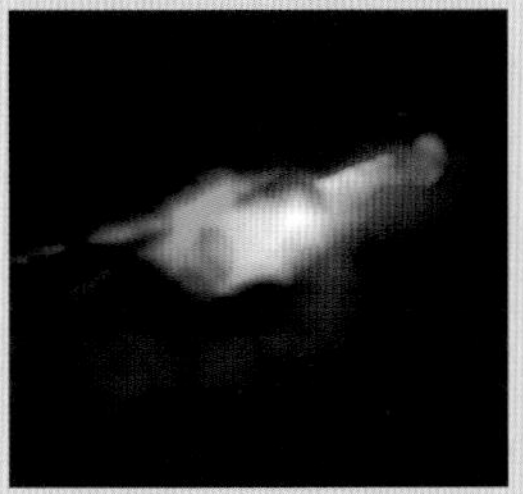

アルマ望遠鏡でブラックホール ジェットと星間ガスの衝突を観測

アルマ望遠鏡で観測したデータをもとに、重力レンズ効果を受ける前の「MG J0414+0534」本来の姿を再構成した疑似カラー画像。オレンジ色が塵と高温電離ガスの分布、緑色が一酸化炭素分子ガスの分布を表している。一酸化炭素分子が、ジェットに沿って銀河中心核の両側に沿って分布していることが分かる／ ALMA（ESO/NAOJ/NRAO）, K. T. Inoue et al.）

巨大ブラックホールの誕生は宇宙最大の謎

2019年4月、史上初、ブラックホールの影の撮影に成功しました。実は、撮影されたM87のように、太陽の質量の1億倍、10億倍もある巨大なブラックホールがどうやって生まれたのかまだわかっていないのです。

ブラックホールは、太陽の30倍以上の質量を持つ星が超新星爆発を起こしてできますが、それでできるブラックホールの質量は、太陽の10〜30倍です。それらが合体して、成長したとしても1億倍までの大きさになるには、宇宙の歴史138億年では時間が足りないのです。そのため、宇宙の初期に太陽の200倍規模の星がたくさんできてそれが合体したとか、星にならずに直接ブラックホールになったんだといった、さまざまな説が乱立しています。巨大なブラックホールがなぜあるのか。これは宇宙最大の謎の1つです。

巻頭 TOPICS 3

ベテルギウスの超新星爆発は本当に起こるのか!?

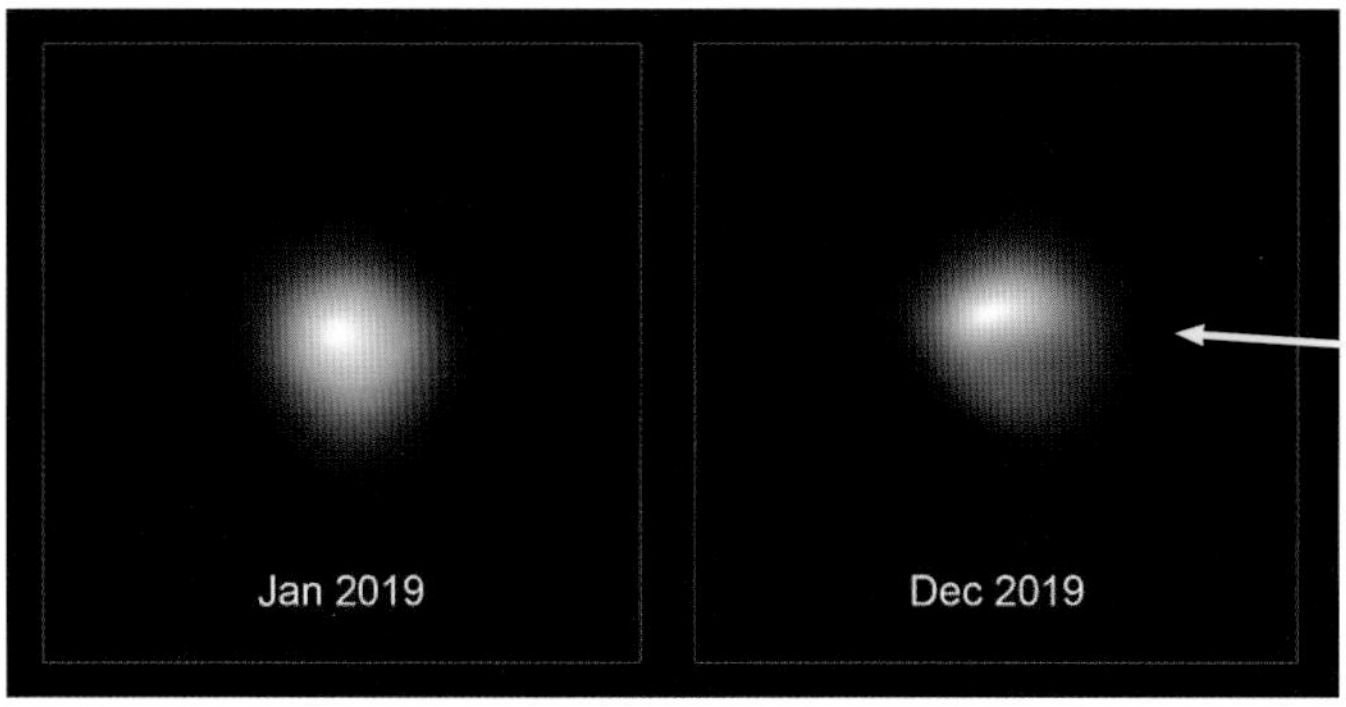
Jan 2019
Dec 2019

欧州南天天文台の VLT 望遠鏡が撮影したベテルギウスの変化。2019 年 1 月（左）に比較して 12 月（右）は明らかに表面が暗くなっていることがわかる／ ESO/M. Montargès et al.

オリオン座
1990年 11月17日、25時16分（JST）
ベテルギウス
国立天文台 天文情報公開センター 広報普及室

オリオン座の全景。1990 年当時はオリオン座の左上に見えるのがベテルギウス。右下の一等星リゲルとほぼ同じ明るさに輝いていたことがわかる／国立天文台提供

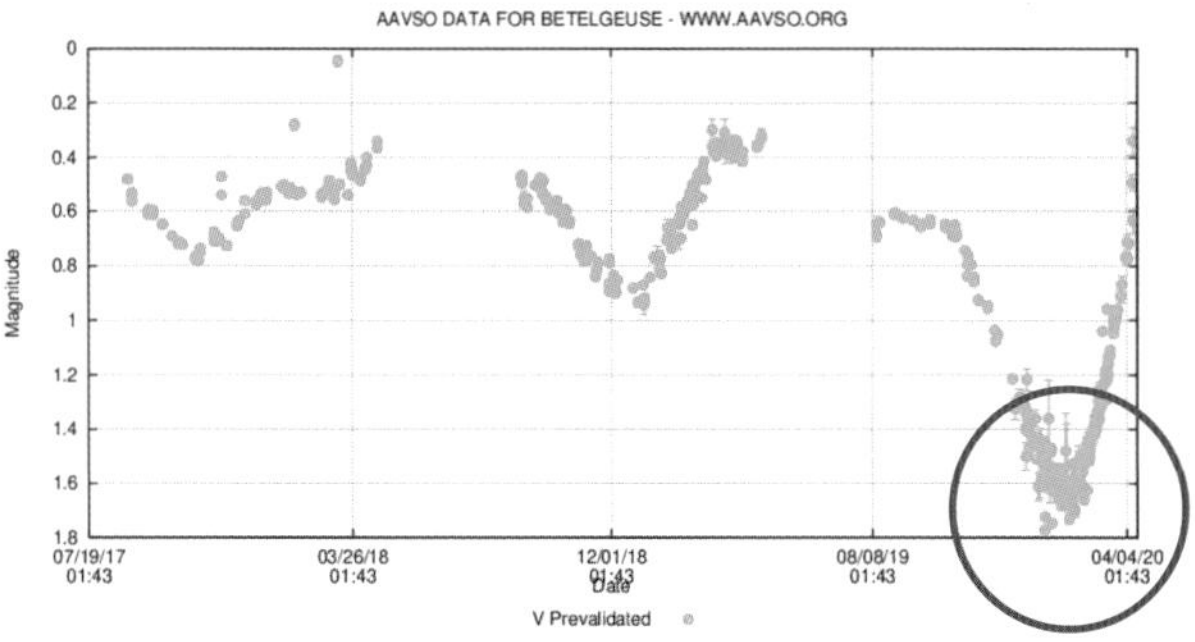
AAVSO DATA FOR BETELGEUSE - WWW.AAVSO.ORG
Magnitude
0
0.2
0.4
0.6
0.8
1
1.2
1.4
1.6
1.8
07/19/17 01:43
03/26/18 01:43
12/01/18 01:43
08/08/19 01:43
04/04/20 01:43
Date
V Prevalidated

2017 年からのベテルギウスの明るさの変化のグラフ。アメリカ変光星観測者協会の観測データにより作成。昨年末から今年にかけて、1.8 等まで暗くなっていることがわかる／ AAVSO 提供

金属粒子が光を遮っただけ

ベテルギウスはオリオン座にある、非常に年老いた赤色超巨星です。太陽の1000倍の大きさで、太陽の12倍と質量が大きいので寿命が早く、いつ超新星爆発を起こしてもおかしくないといわれています。

そして、2019年暮れごろから急に暗くなり、また急速に明るくなったことでいよいよ爆発するのかと話題になりました。しかし、それだけで超新星爆発の予兆とは言えない、というのが天文学者の一般的な見解です。

実は、ヨーロッパの望遠鏡を使って、特殊な方法で表面の模様を描いてみると、表面に黒い雲のようなものが浮いているのがわかりました。これは金属粒子という光を通さない物質で、これがベテルギウスの上空で大量にできて、ベテルギウスの光を隠したため、一時的に暗く見えたといわれています。

図解 最新 宇宙の話

私たちの太陽系
宇宙の誕生から現在まで

地球の誕生と未来

月の謎

太陽という星

太陽系惑星の素顔

恒星と銀河

最新宇宙論

はじめに

宇宙に関するニュースがテレビなどで流れると、興味をひかれる方もいるにちがいありません。

日々、観測技術が進み、天文学・宇宙物理学・惑星科学はめざましい進歩を遂げつつあります。少し前には考えられないほど、宇宙の理解が進み、続々と新しい発見が生まれつつあります。さらには日食や月食、あるいは流星群といった天文現象も、ニュースでしばしば取り上げられ、見てみたいと思う人も多いのではないでしょうか。日本人宇宙飛行士の活躍や、伝統的な中秋の名月だけでなく、スーパームーンという新しい流行も、それに輪をかけています。実際にニュースの報道に触れ、夜空に月を見上げた方もいらっしゃることでしょう。

一方、そういった宇宙のニュースに興味を持っても、本を買ってまで読むのはなんだか難しそうだと思って、尻込みしてしまう人も多いのではないかと思います。

確かに大きな本屋さんでの宇宙を取り扱うコーナーの書棚には、難しそうな本がたくさん並んでいて、「私には無理だ」と思ってあきらめた人も多いかもしれません。

本書は、そんな方にぜひ手にとってもらえればと思って企画したものです。

天文学・宇宙科学の最新状況を踏まえながらも、思い切って細かく難解な部分をそぎ落とし、興味を引きそうなテーマだけに絞っています。また、豊富なイラストを使うことで、最新の宇宙の姿を読者の皆様にやさしくお伝えしようと工夫してあります。

我々が住む地球の生い立ちから、お隣の天体である月の謎、恵みを与えてくれる太陽、そして地球の仲間たちである惑星たちの素顔、星座を作っている恒星と天の川銀河（銀河系）、銀河、そして宇宙論に至るまで30余りのトピックで、天文学のほぼ全分野をカバーしながら、最新の宇宙の姿を浮き彫りにしています。

そして、それぞれ深く解説しながらも、わかりやすさを失わずに記述されています。今回は巻頭に宇宙研究の最新の状況についてのインタビュー記事も掲載しました。

本書を手にとって、お読みいただくことで、最新の宇宙の姿について理解してもらうだけでなく、日進月歩の天文学の面白さと、その魅力についても知っていただければ、そして、まだまだ謎に満ちた宇宙にぜひ親しんでいただければ幸いです。

2020年6月

自然科学研究機構　国立天文台　教授　渡部潤一

『図解 最新 宇宙の話』目次

巻頭インタビュー これからの宇宙研究の行方
第二の地球が10年、20年後には見つかる可能性があります …… 2
巻頭TOPICS 1
はやぶさ2、小惑星リュウグウのサンプルを抱えて帰還中！ …… 6
巻頭TOPICS 2
影の撮影に成功したブラックホール。しかし謎は深まるばかり …… 7
巻頭TOPICS 3
ベテルギウスの超新星爆発は本当に起こるのか!? …… 8
はじめに …… 10
私たちの太陽系 …… 14
宇宙の誕生から現在まで …… 16

地球の誕生と未来
Q地球は宇宙のどこにあるの？ …… 18
Q地球は微惑星の衝突でできたの？ …… 20
Qジャイアント・インパクトが地球の命運を決めた？ …… 22
Q地球はなぜ、生命の惑星となったの？ …… 24
Q地球の生物の共通祖先はどこにいたの？ …… 26
Q地球全体が氷に覆われていたってホント？ …… 28
Q地球の最期はどうなってしまうの？ …… 30

月の謎
Q月と地球は兄弟なの？ …… 32
Qもし月がなかったら、地球はどうなる？ …… 34
Q月のクレーターはどうしてできたの？ …… 36
Qアポロはホントに月に行ったの？ …… 38
Column／人類にとって月はどんな魅力があるの？ …… 40

太陽という星
Q太陽はどうやって誕生したの？ …… 42
Q太陽の構造はどうしてわかるの？ …… 44
Q太陽は星が燃えているの？ …… 46

Q太陽が地球を動かすエンジンってホント？……48
Q太陽系の惑星はどうやって生まれたの？……50

太陽系惑星の素顔

Q太陽にいちばん近い水星は熱いってホント？……52
Qなぜ金星は地球と「双子の惑星」といわれているの？……54
Q火星に水があったってホント？……56
Q木星にある縞模様はなに？……58
Q土星のリングはなにでできているの？……60
Q天王星は横倒しで公転しているってホント？……62
Q海王星はまだよくわかっていないことが多いの？……64
Column／冥王星って、どんな天体かわかってきたの？……65

恒星と銀河

Q星にも一生があるってホント？……66
Qブラックホールってどうしてできるの？……70
Q銀河は恒星が寄り集まってできているの？……72
Q天の川銀河の近くにはどんな銀河があるの？……74
Q宇宙はどんな構造になっているの？……76
Column／地球温暖化は太陽のせい？……68
Column／宇宙のグレートウォールってなに？……77

最新宇宙論

Q宇宙って一体なにでできているの？……78
Q宇宙の膨張は加速しているってホント？……80
Q宇宙全体の謎を解く方程式があるの？……82
Qビッグバンはどうして起こったの？……84
Q宇宙はいくつもあるの？……86
Column／太陽系外惑星系トラピスト1に7つの地球型惑星を発見……87

編集協力
株式会社　風土文化社
（大迫倫子）
撮影
谷山真一郎
カバー・本文デザイン
Isshiki（デジカル）

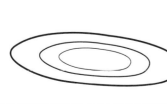

地球を含む８つの惑星は太陽の周りを回り、たくさんの衛星や準惑星、小惑星、彗星、惑星間物質などの天体とともに、太陽系というグループをつくっています。
私たち人類に寿命があるように、太陽も成長し衰え、そして最期を迎えます。
何十億年後には、この太陽系の姿がいまとは違った形になっていることは間違いないのです。

NASA/JPL

私たちの太陽系

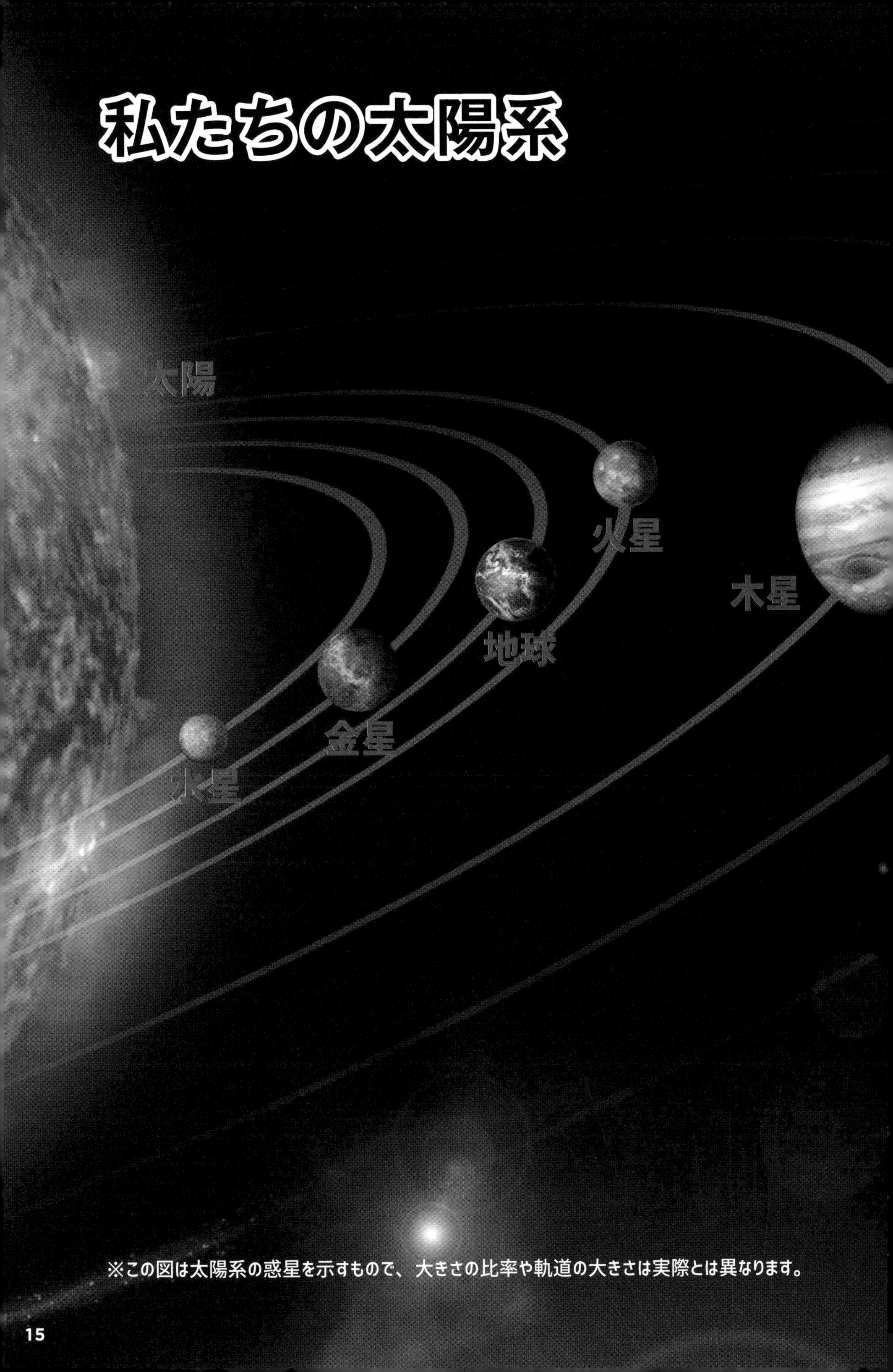

※この図は太陽系の惑星を示すもので、大きさの比率や軌道の大きさは実際とは異なります。

宇宙の誕生から現在まで

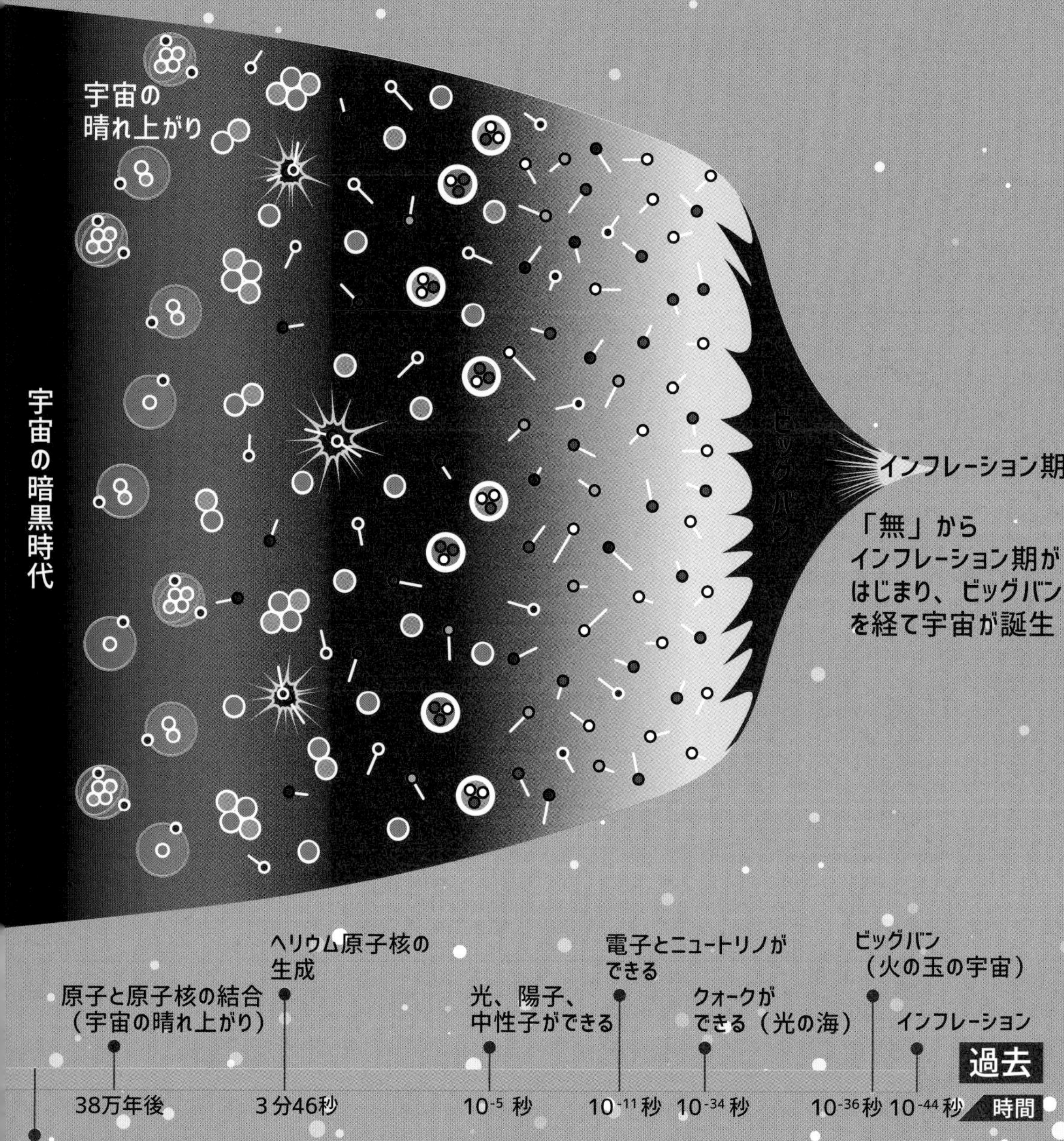
宇宙の晴れ上がり
宇宙の暗黒時代
ビッグバン
インフレーション期
「無」から
インフレーション期が
はじまり、ビッグバン
を経て宇宙が誕生
原子と原子核の結合
（宇宙の晴れ上がり）
38万年後
ヘリウム原子核の
生成
3分46秒
光、陽子、
中性子ができる
10^{-5} 秒
電子とニュートリノが
できる
10^{-11}秒
クォークが
できる（光の海）
10^{-34}秒
ビッグバン
（火の玉の宇宙）
10^{-36}秒
インフレーション
10^{-44}秒
過去
時間
この時代に何があったかはまだわかっていない（宇宙の暗黒時代）

宇宙は「無」から誕生したと考えられています。「無」からインフレーション期がはじまり、ビッグバンを経て、約138億年の歳月を重ねて、現在の宇宙の形に成長したと考えられているのです。

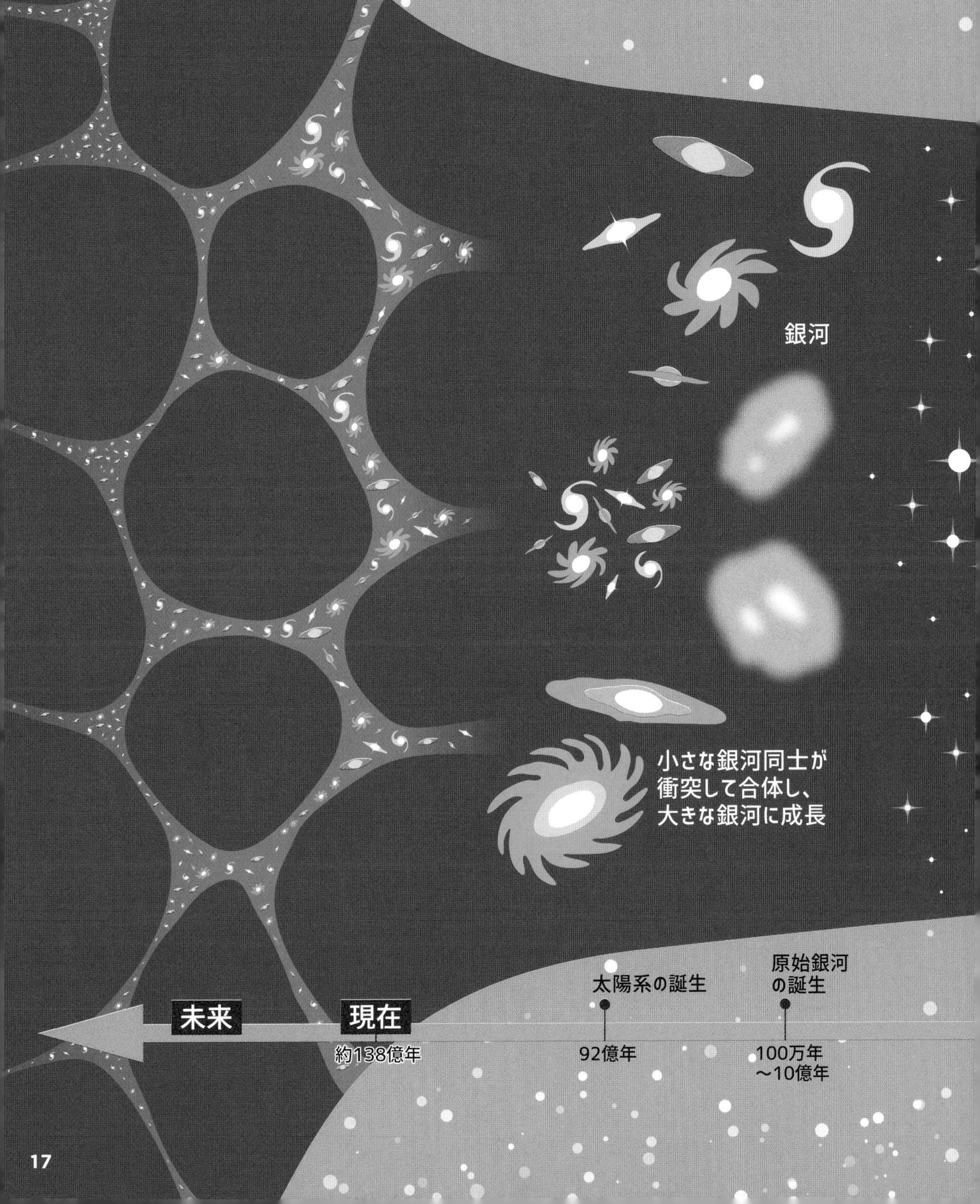

銀河
小さな銀河同士が
衝突して合体し、
大きな銀河に成長
原始銀河
の誕生
太陽系の誕生
未来
現在
約138億年
92億年
100万年
〜10億年

Q 地球は宇宙のどこにあるの？

A 宇宙の片隅で、銀河系のはずれにある

天の川銀河のなかにある

私たちが住む地球は、太陽の周りを回っています。太陽は、地球を含めた8つの惑星とたくさんの衛星などで、太陽系というグループをつくっています。

そして、その**太陽系は「天の川銀河（銀河系）」と呼ばれる銀河のなかにあり、中心からおよそ2万8000光年の距離にあります**。

私たちはつい、地球が宇宙の中心ではないかと思ってしまいがちですが、**宇宙には中心も終わりもありません**。

全宇宙には1000億個以上の銀河があるといわれていて、天の川銀河はそのなかの1つです。そして、**太陽系はその天の川銀河のはずれのほうに位置します**。

天の川銀河は約2000億個の恒星と惑星、星間ガスという物質によってできています。麦わら帽子を2つくっつけたような形をしていて、真ん中のふくらんだ部分は「バルジ」といい、古い星やガスなどの物質によってできていて、そのなかに巨大なブラックホールがあると考えられています。

そして、帽子のひさしに当たる部分が「ディスク」。天の川銀河のディスクは渦巻き状になっており、バルジが棒状なので、棒渦巻《ぼううずまき》銀河に分類されます。

この銀河全体を包んでいる、広大で薄い球状の部分を「ハロー」といい、ここには球状星団が分布しています。

そしてハローを包みこんでいるのが、「ダークマター（暗黒物質）」と考えられています。

天の川銀河の直径はおよそ10万光年、バルジの厚さはおよそ1万光年、ディスクの厚さはおよそ1000光年あることがわかっています。

天の川銀河

「横」から見た天の川銀河

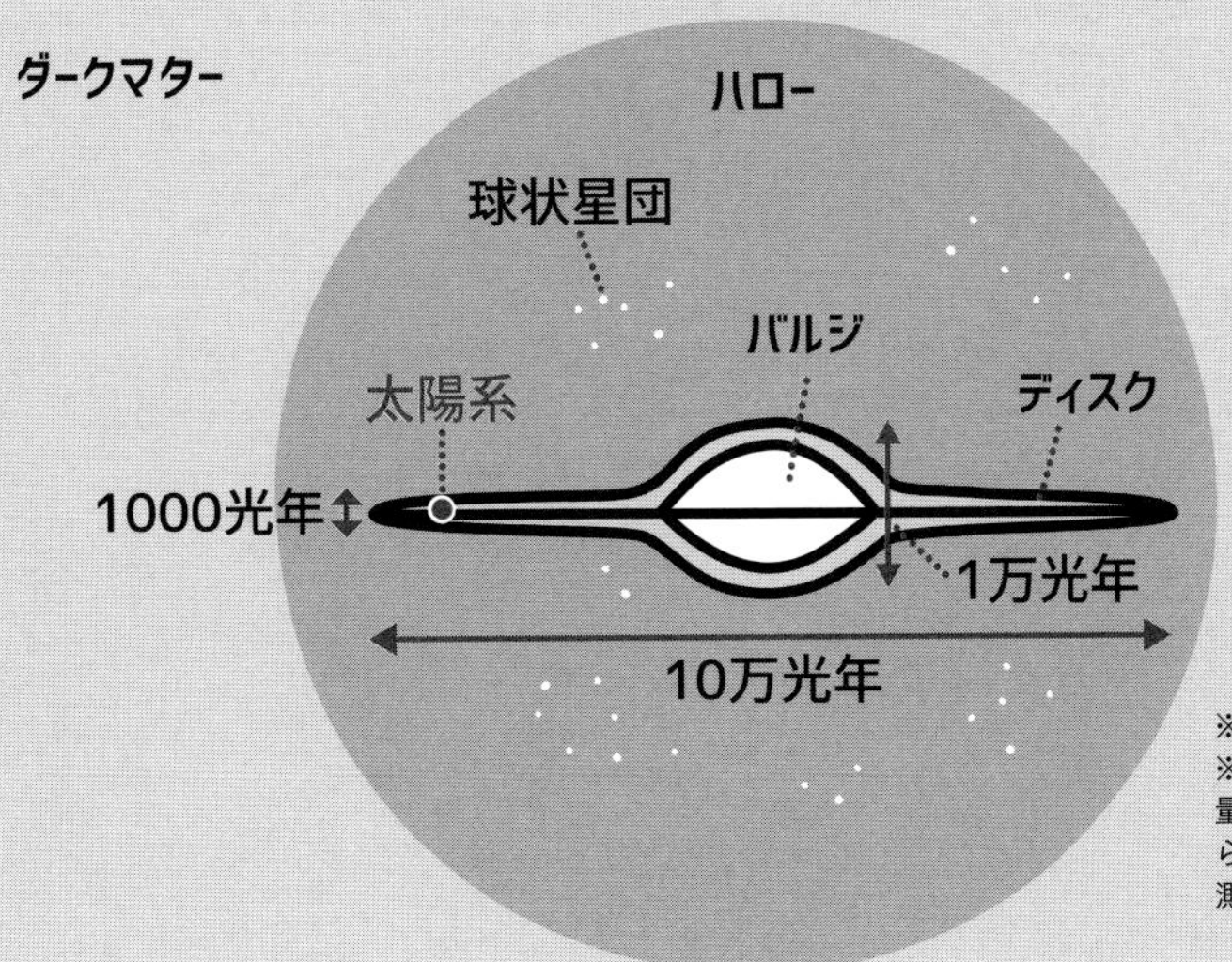
ダークマター
ハロー
球状星団
バルジ
太陽系
ディスク
1000光年
1万光年
10万光年

※光年…約 9.5 兆キロメートル。
※ダークマター（暗黒物質）…質量を持ち、周囲に重力を与えながら、現在どの波長の電磁波でも観測されていない物質の総称。

宇宙に上下左右はないが、模型にして真横から天の川銀河を見るとこのような形に。太陽系が天の川銀河のはずれにあるのがわかる。

「上」から見た天の川銀河

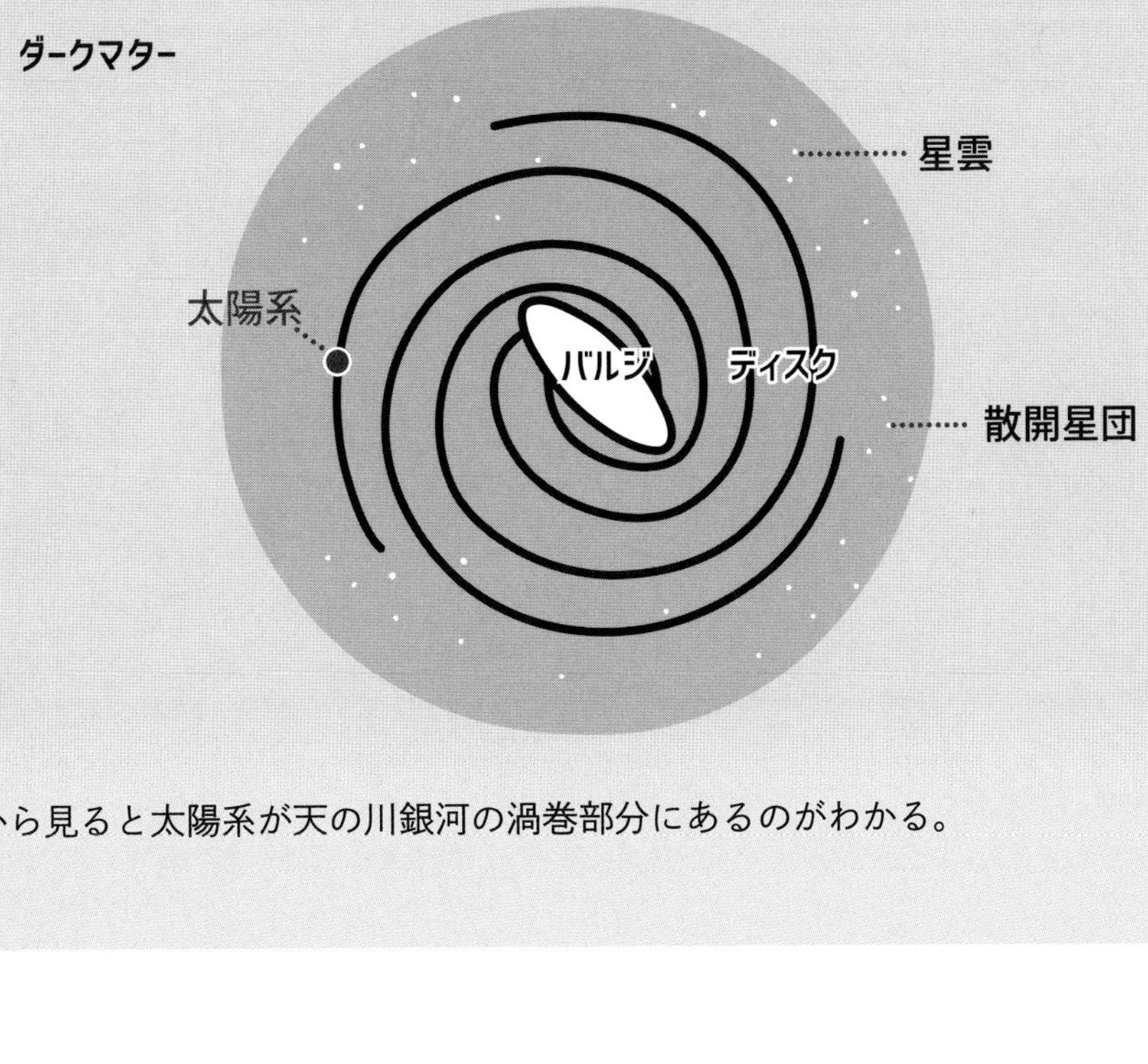
ダークマター
星雲
太陽系
バルジ
ディスク
散開星団

上から見ると太陽系が天の川銀河の渦巻部分にあるのがわかる。

Q 地球は微惑星の衝突でできた？

A 衝突・合体が繰り返されて現在の形ができ上がった

強い重力が地球を大きくした

地球生成のストーリーは、およそ46億年前、若い原始太陽の周囲にガスとちりからなる原始惑星系円盤が広がり、そのなかの微惑星同士が衝突・合体することからはじまります。

微惑星が衝突・合体して大きくなると重力が強くなり、より遠くの微惑星を引き寄せられるようになり、「原始地球」ができ上がっていきました。

このとき、**地球が火星や金星よりも大きく成長できたことが、その後の地球の環境を決める大きな決め手になったと考えられています**。

たとえば火星の場合、その質量は地球の10パーセントほど。そのため重力が弱く、大気が宇宙空間に逃げてしまい、平均気温はマイナス40度しかありません。

つまり、私たち生命体が存在できるか否かは、惑星の大きさがとても重要なのです。

加速度的に成長した原始地球の表面はドロドロに溶け、「マグマオーシャン」と呼ばれる状態になりました。

そして、マグマオーシャンの熱がさらに深部の岩石を溶かしていくことで、重い鉄は中心に集まって「核」となり、軽い岩石成分は核の外側に移動して「マントル」になったと考えられています。

この核とマントルなどの地球の内部構造ができ上がることによって、のちのマントル対流や地球を覆う磁場の形成につながっていきます。

また、微惑星に含まれていた水や炭素はマグマの熱によって蒸発し、大気層を形成して地表を覆いました。

その後、**惑星の衝突が少なくなり地表が冷えると、大雨が降り注ぎ、海ができ上がったのです**。

地球の成長過程

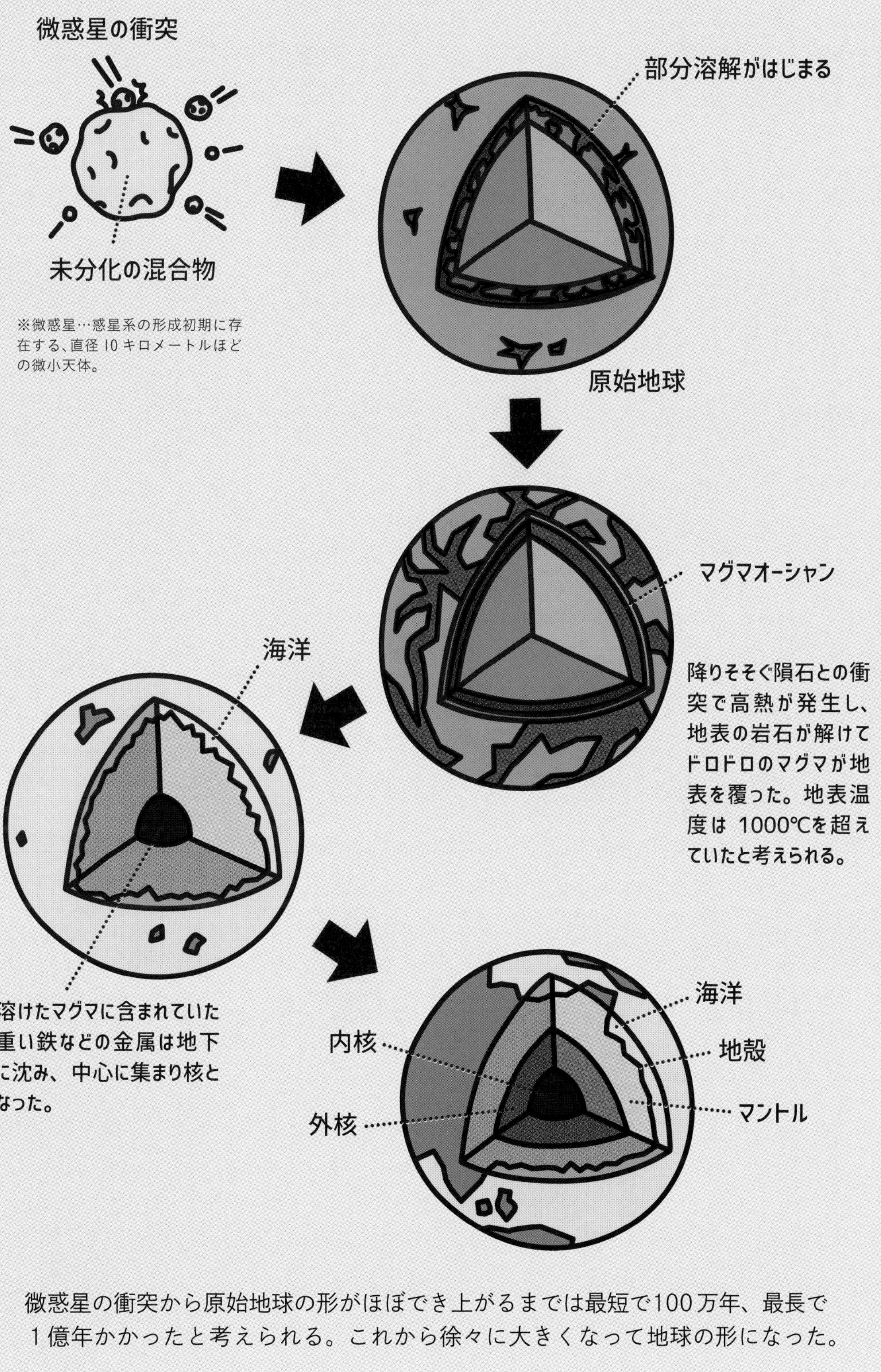
微惑星の衝突
未分化の混合物
部分溶解がはじまる
原始地球
マグマオーシャン
海洋
海洋
内核
地殻
マントル
外核

※微惑星…惑星系の形成初期に存在する、直径10キロメートルほどの微小天体。

降りそそぐ隕石との衝突で高熱が発生し、地表の岩石が解けてドロドロのマグマが地表を覆った。地表温度は1000℃を超えていたと考えられる。

溶けたマグマに含まれていた重い鉄などの金属は地下に沈み、中心に集まり核となった。

微惑星の衝突から原始地球の形がほぼでき上がるまでは最短で100万年、最長で1億年かかったと考えられる。これから徐々に大きくなって地球の形になった。

Q ジャイアント・インパクトが地球の命運を決めた？

A 惑星の巨大衝突のおかげで地球は水没をまぬがれた

火星ほどの大きさの天体が衝突

約45億年前、原始地球にとってとんでもない出来事が起こってしまいました。

それまで、微惑星との衝突・合体は日常茶飯事に起こっていましたが、これとは比較にならないほどの巨大な天体（原始惑星）が、原始地球をかすめるように衝突してしまったのです。

その天体のサイズはいまの火星ほどもありました。この大事件を「ジャイアント・インパクト」と呼んでいます。

これによって、その天体の破片と吹き飛ばされた原始地球の一部が、地球を回りながら集積して月が誕生したという説（ジャイアント・インパクト仮説）がありますが、これは32ページで詳しくお話しすることにします。

ジャイアント・インパクトによって、原始地球の水蒸気の大半が宇宙空間に飛び散り、地表の水は一度干上がってしまいました。

では、現在の地球の水はどこから来たのでしょう？

それは、そのあとに衝突した数多くの隕石に含まれていた水がもとになったと考えられています。

もしこの巨大な衝突がなかったら、原始地球は水を失うことなく、さらにあとからあとからぶつかってくる隕石によって水がもたらされ、地球全体がすっぽりと水没していたかもしれません。

月が誕生すると、月と地球の間の重力の作用によって地球の自転軸の傾きが落ちつき、気候の安定がもたらされました。

月がない地球は1日8時間の猛スピードで回転していて、激しい気流が吹き荒れ、すさまじい海流がぶつかる世界だったと考えられるのです。

ジャイアント・インパクト仮説

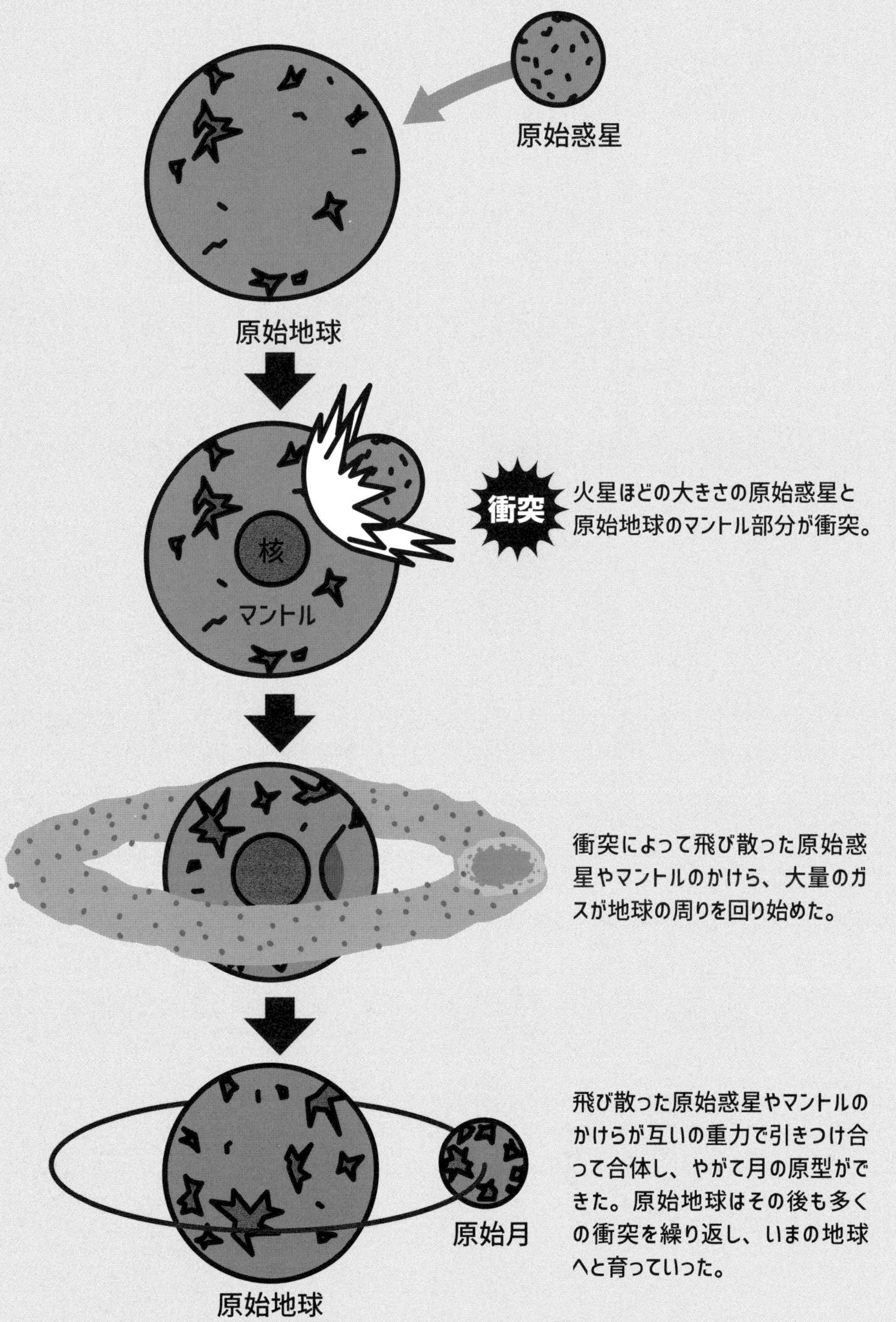
原始惑星
原始地球
衝突
火星ほどの大きさの原始惑星と原始地球のマントル部分が衝突。
核
マントル
衝突によって飛び散った原始惑星やマントルのかけら、大量のガスが地球の周りを回り始めた。
飛び散った原始惑星やマントルのかけらが互いの重力で引きつけ合って合体し、やがて月の原型ができた。原始地球はその後も多くの衝突を繰り返し、いまの地球へと育っていった。
原始月
原始地球

1975 年、アリゾナ大学惑星科学研究所のドン・デービスとウイリアム・ハートマンによって提唱された「ジャイアント・インパクト説」。こうして地球と月の関係はでき上がったと考えられる。

Q 地球はなぜ、生命の惑星となったの？

A 太陽からの絶妙な距離が生命をはぐくんだ

液体状態の水の存在が重要

現時点で私たち人類が知る限り、地球は全宇宙のなかでたった1つ生命に満ちた天体です。ここでいう生命とは、知能を持った高等生物に限らず、細菌のような微生物を含みます。

生命の惑星であることの最も重要な条件が、「液体の状態の水がある」こと。**生命が命を維持していくためには、さまざまな化学反応が必要です。**液体の水は水素結合と呼ばれる特徴的な性質を備えています。

水素結合には、分子同士を緩やかに結びつける作用があり、生命活動を維持するための化学反応を起こす場となってくれるのです。

太陽系の惑星だけを見てみても、その表面が豊富な水で覆われているのは地球だけ。地球が「水の惑星」と呼ばれるゆえんです。

水は、一気圧では0度から100度の間でしか液体として存在できません。その点地球は太陽とちょうどいい公転軌道半径であるため、この温度条件を備えることができているのです。

地球より少し太陽に近い金星では、太陽に近すぎて表面温度が高温になり液体の水は存在できませんし、地球の外側を公転している火星では、表面の水は凍りついてしまいます。

このように、惑星の表面に液体の水が存在できる領域のことを「ハビタブルゾーン（生命居住可能領域）」と呼んでいます。

太陽系での距離を表すとき、地球と太陽との距離（約1億5000万キロメートル）を1天文単位（1au）といいますが、太陽系のハビタブルゾーンは大雑把にいって0・7au（金星の公転軌道）と1・5au（火星の公転軌道）の間にあるといわれています。

太陽系のハビタブルゾーン

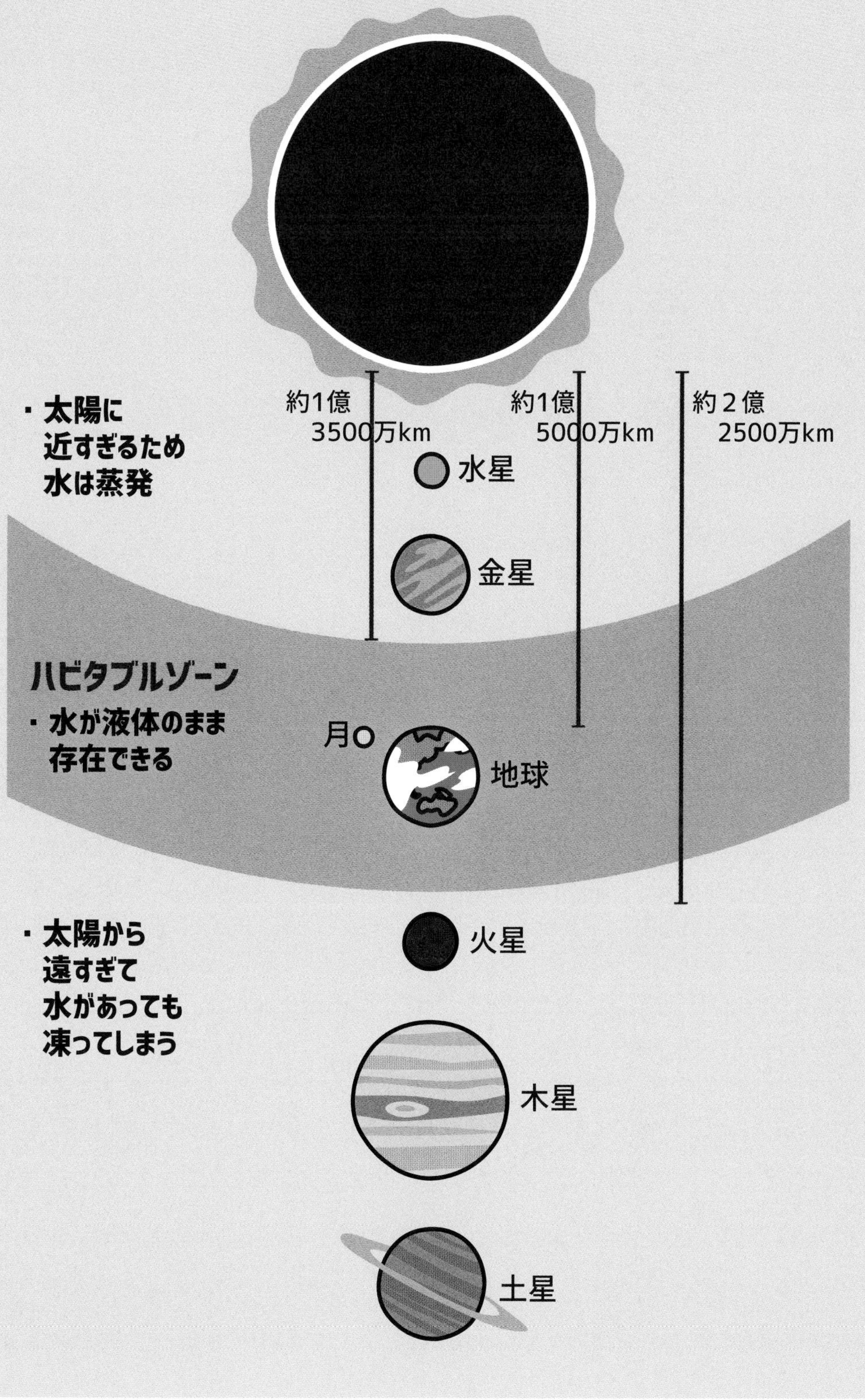
・太陽に
近すぎるため
水は蒸発
約1億
3500万km
約1億
5000万km
約2億
2500万km
水星
金星
ハビタブルゾーン
・水が液体のまま
存在できる
月
地球
・太陽から
遠すぎて
水があっても
凍ってしまう
火星
木星
土星

Q 地球の生物の共通祖先はどこにいたの？

A 生物の共通祖先は海底の熱水噴出孔で暮していた

エサが豊富な熱水噴出孔

およそ35億年前、暗い海底には黒くにごった熱水を噴出する場所が無数にありました。

これが、**海底にしみこんだ水がマグマの熱によって熱せられ、３００度以上の熱水となって噴き出す「熱水噴出孔」と呼ばれるものです。**

熱水噴出孔から噴き出される熱水は、硫化《りゅうか》水素などの化学反応を起こしやすい物質や、メタンや二酸化炭素などを地下から運んできます。

これらは生物がエネルギー源として利用できる物質でもあります。

また、現在の生物の遺伝子の研究によれば、地球の生物の共通祖先に近いと考えられる微生物ほど熱水環境を好むものが多いと見られ、熱湯のなかでも平気で暮らす微生物すらいます。

以上のことから、初期の地球では、「エサ」となる物質が供給される熱水噴出孔の熱水のなかで、生物の共通祖先は暮していたという説があるのです。

ただ、３００度を超える熱水の環境では、温度が高すぎてＤＮＡやたんぱく質などの複雑な有機物はできません。

しかし、熱水噴出孔の周囲には、温度の低い「温水」が出ている孔があることが多いといわれています。**そこで、複雑な有機物をつくるさまざまな化学反応が起きていた可能性があります。**

最初の生命がいつごろ、どこで、どうして誕生したかは、まだまだわからないことだらけです。

単純な化合物から、いきなり複雑な構造を持った細胞ができるなんて想像を超えています。

ところが、確実に地球のどこかで最初の生命は生まれ、私たちが存在しています。そんな謎の解明が少しでも進むことを期待したいものです。

熱水噴出口のしくみ

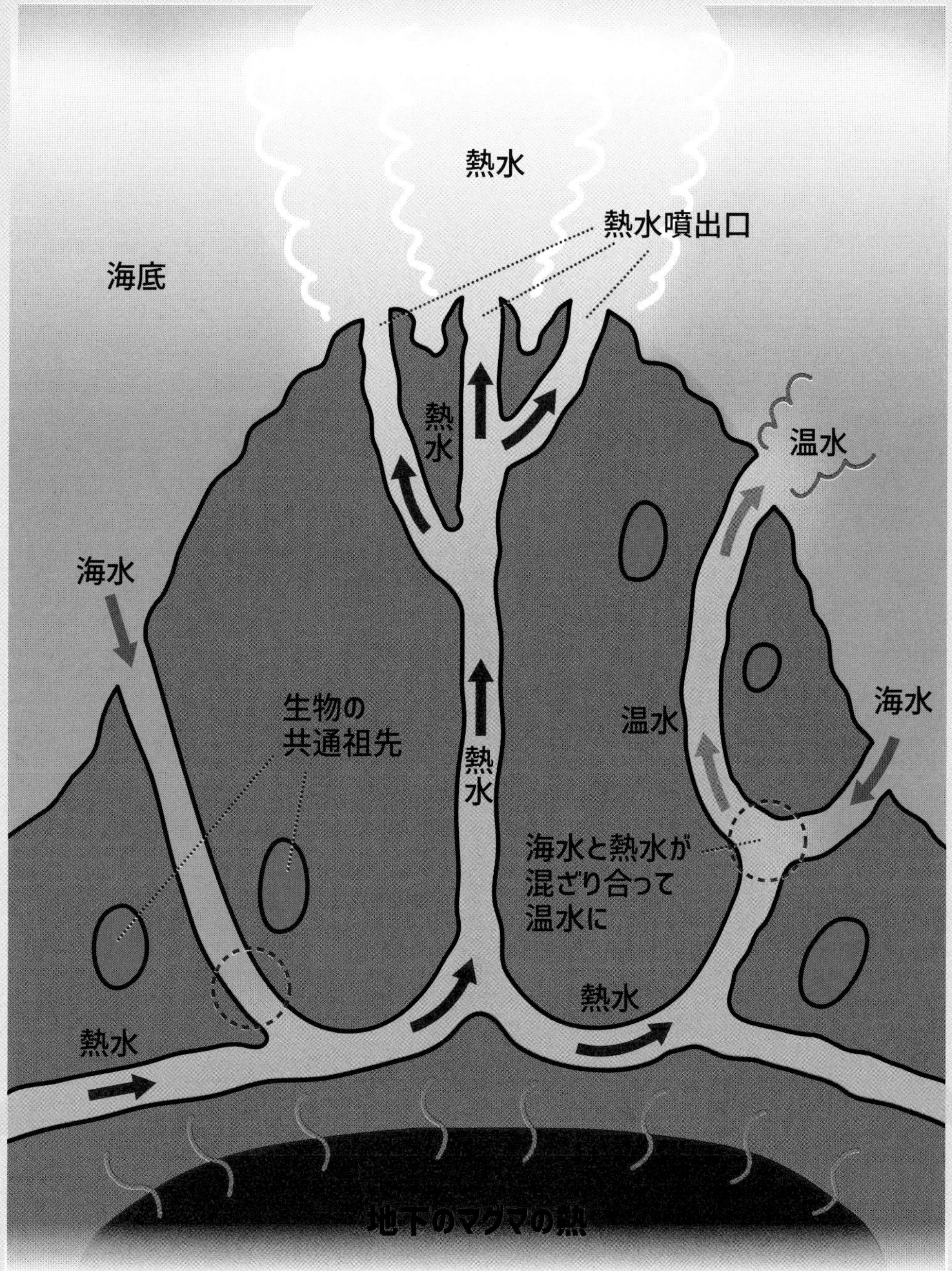
熱水
熱水噴出口
海底
熱水
温水
海水
生物の
共通祖先
熱水
温水
海水
海水と熱水が
混ざり合って
温水に
熱水
熱水
地下のマグマの熱

海水が海底下数キロメートルの深さまでしみ、マグマのすぐ上の熱い玄武岩にふれ高温に熱せられる。このときに熱水と玄武岩の間でさまざまな化学反応が起こり、水素イオンや硫化物イオン、メタン、二酸化炭素、金属イオンができる。これらの物質を含んだ熱水が上昇し、海底の熱水噴出孔から海へ噴出する。

Q 地球全体が氷に覆われていたってホント？

A 二酸化炭素が地球凍結のカギを握っていた

大気中の二酸化炭素が減少

いまから22億２０００万年前、そして7億年前と6億５０００万年前、**地球全体が厚さ１０００メートル級の氷に覆われるという厳しい氷河期があったという説が、有力になっています**。

これが、「スノーボールアース仮説」です。地球凍結のきっかけとして挙げられるのが、大気中の二酸化炭素の減少です。

超大陸が分裂すると新しい海が生まれ、海は陸地を浸食してますます海洋部分を増やします。その海の水分が雨を生み、二酸化炭素を吸収します。

二酸化炭素が溶けた酸性の雨によって岩石中のカルシウムなどが溶け出し、やがて炭酸カルシウムとなって海に堆積《たいせき》します。

こうして、大気中の二酸化炭素が減少していったのですが、地球を温める温室効果ガスでもある二酸化炭素が急速に減少したことで、急激な寒冷化をもたらしたと考えられているのです。

氷床が極エリアから広がりはじめると、氷の白い色は海の暗い色に比べて、より多くの太陽エネルギーを反射してしまいます。

こうして**気温が下がり、地球全体が凍りついてしまう「暴走冷却」につながったというわけです**。

では、凍結した地球はどのようにしてふたたび温まったのでしょうか？

表面が完全に凍りついた地球でも、内部には決して冷えない液状金属の核があります。この地熱が海をじわじわと温め、氷の成長を押しとどめました。

また、火山が氷のなかから頭を突き出して活動を続けて微生物の命を守り、ふたたび地球を温めるための二酸化炭素を吐き出し続けたと考えられているのです。

スノーボールアース仮説とは？

1 二酸化炭素の減少で温室効果が小さくなった

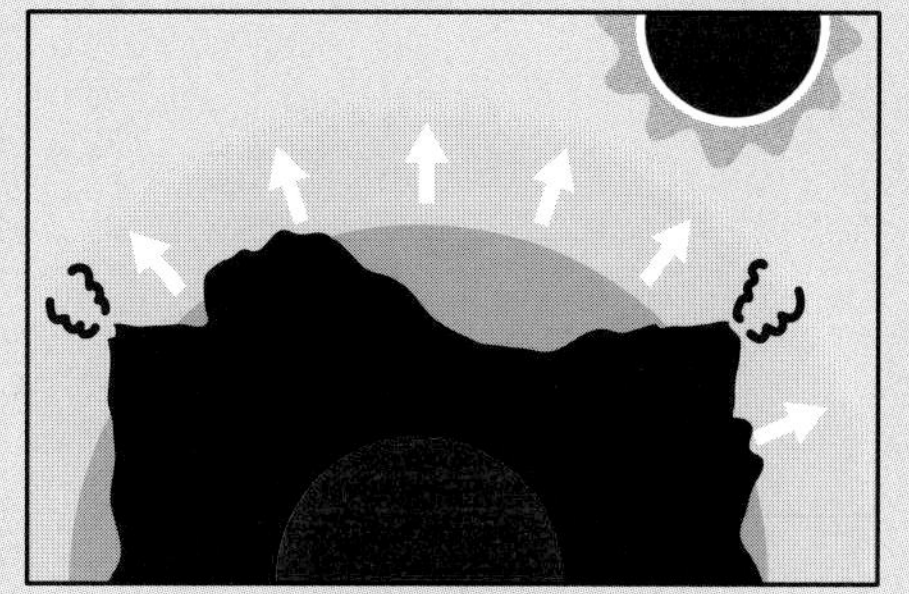

大気は二酸化炭素やメタン、雲が地表の熱を外に逃がさないようにする温室効果の働きをしている。しかし何らかの理由で二酸化炭素が減ってしまい、温室効果の働きが弱まってしまった。

2 北極と南極からだんだんと凍っていった

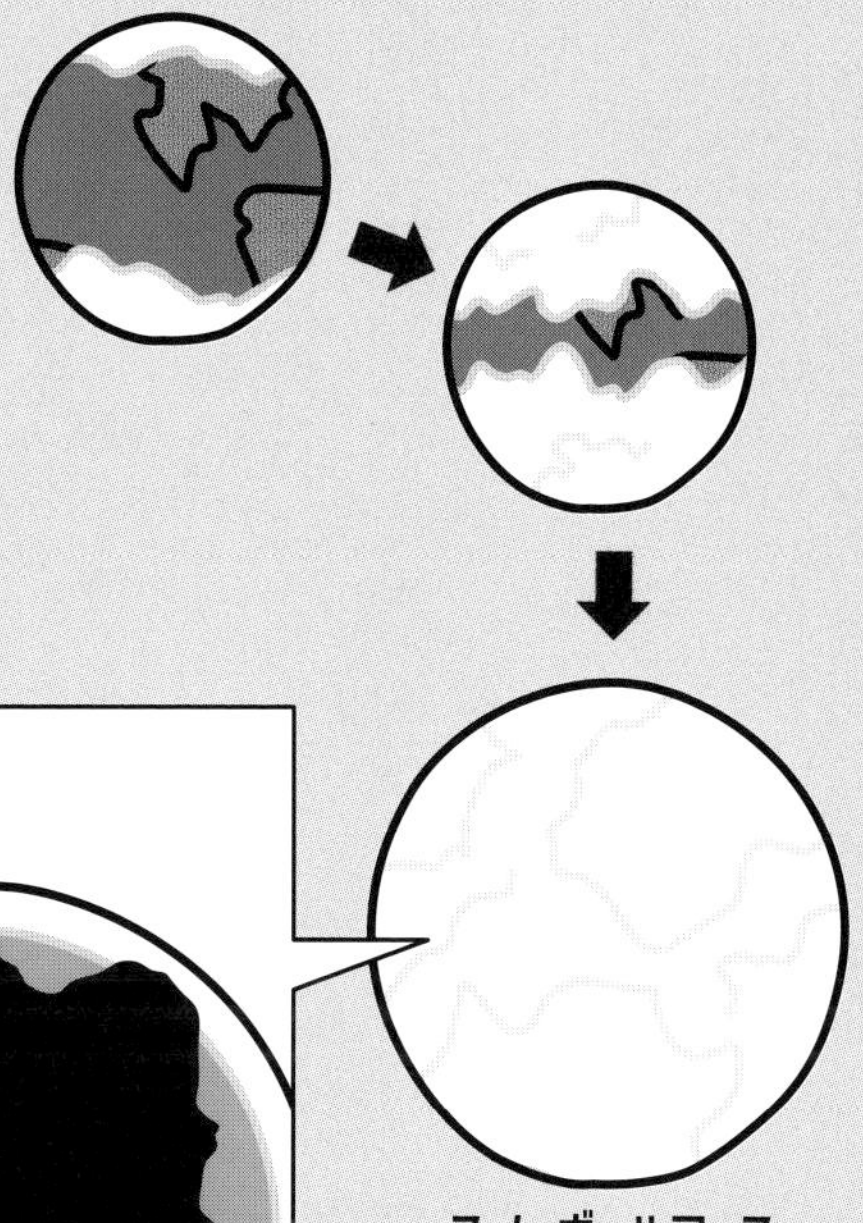

スノーボールアース
（全球凍結）

地球は北極と南極から徐々に凍りつき、いちばん暖かい赤道まで氷に覆われ、陸で3000メートル、海で深さ1000メートルまで凍ったと考えられている。ひとたび全体が凍ると、地球はどんどん冷えていった。

●生物は深海や海底火山の近くで生きていた

地熱で凍らなかった深海や活動を続けていた海底火山でバクテリアなどの微生物は生きていた。

3 海底火山が二酸化炭素を吐き出し氷を溶かした

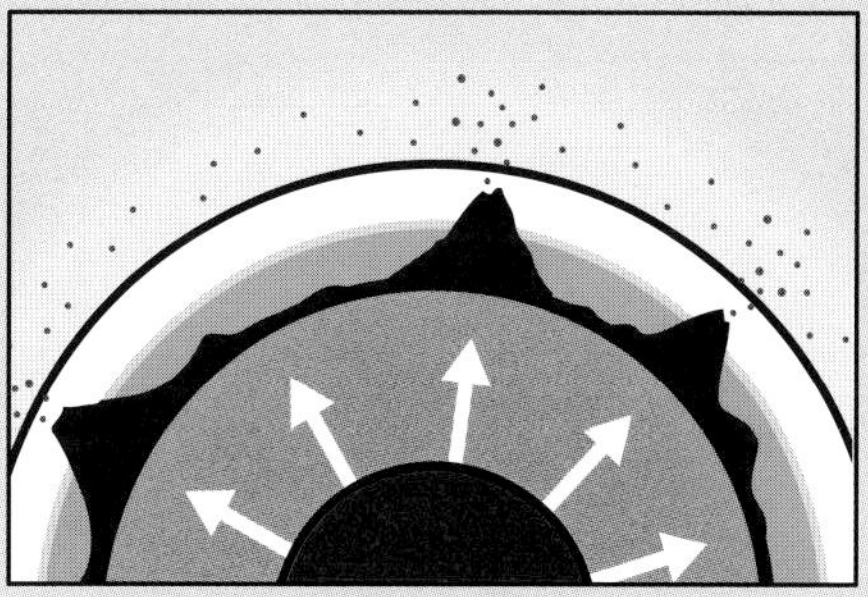

スノーボールアースになっても海底火山は二酸化炭素を吐き出し続け、また地表の氷は二酸化炭素を吸収できないため、大気中に二酸化炭素が増え、少しずつ温室効果が復活した。こうして徐々に地表の氷が溶けていった。

Q 地球の最期はどうなってしまうの？

A 地球生物は25億年後に絶滅の危機を迎える

膨張した太陽に飲み込まれる!?

最後に、地球のこれからを考えてみましょう。鍵を握るのは太陽です。

太陽の寿命は約100億年と考えられていて、あと50億年ほどで終末期に入ります。すると太陽は「赤色巨星化」し、膨れ上がります（66ページ参照）。それにより表面積が広くなり、光量も熱量も増加し、放出されるエネルギーも増大。

その結果、太陽系の惑星は大気をはぎ取られたり、吹き飛ばされる可能性が考えられます。

当然、地球の気温も上昇します。大気中の水蒸気が増加するとともに二酸化炭素が減少するので、植物が減って動物も生きていけなくなります。

25億年後には地球の気温は100度以上に達し、地球上のすべての生物が絶滅してしまうと考えられるのです。

そして太陽が現在の200倍まで膨張すれば、地球は太陽に飲み込まれることになります。

ただ、太陽の内部の構造についてはいまだわからないことが多いため、現段階では太陽のこれからについては予測することは難しいのです。

事実、地球は太陽に飲み込まれずにすむ、という説もあります。

一方で、天の川銀河そのものもいずれ、アンドロメダ銀河と衝突・合体すると考えられています。

コンピュータでシミュレーションしてみると、2つの銀河は約40億年後に衝突し、20億年かけて合体。もし正面衝突すれば、1個の巨大な楕円銀河になると予測されています。

しかし、銀河同士が衝突しても星と星の間は非常に距離があるため、星同士の衝突はないとみられています。

地球の最期の予測図

**いまの太陽は
およそ50億年は
このまま**

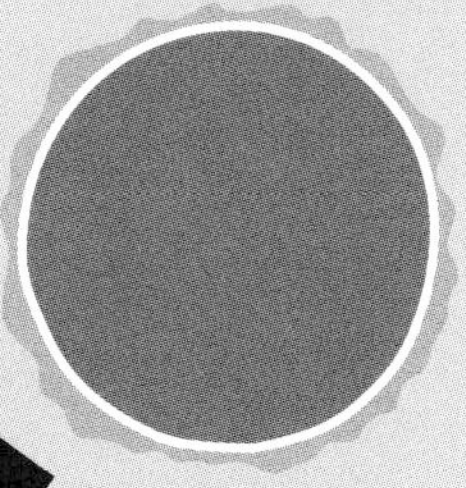

**60億年後
いまの２倍の明るさに**

**地球の気温が
100℃以上に**

太陽の光量と熱量の増加によって、地球の気温は100℃以上になると考えられる。

**光・熱などの
放射エネルギーも増大！**

**いまの200倍
以上に膨張！**

急激に膨張した太陽はいまの200倍以上の大きさになり、地球を飲み込むと考えられている。

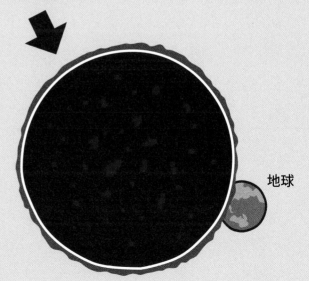

Q 月と地球は兄弟なの？

A 月は惑星と地球の巨大衝突によってできた

飛散した破片とマントルが主成分

月の直径は地球の約4分の1です。実は太陽系の衛星のなかで、惑星の大きさに対してこれほど大きい衛星はほかにありません。

そして、月がなぜこれほど大きいのかについては、まだ解明されていません。

そんな月の起源については長年議論されてきました。月起源の主な説は次の3つでした。

- 親子説（分裂説）……誕生直後に、高速で自転する地球の赤道付近の一部が遠心力でちぎれて飛び出した。
- 兄弟説（共成長説）……微惑星から原始地球が形成されるときに、同じガスやちりからできた。
- 他人説（捕獲説）……別に形成された微惑星が、地球の引力に捕らえられた。

しかし、計算上、微惑星表層がちぎれるほどの自転速度ではなかったことがわかったり（親子説）、地球と月の内部構造がまったく違うのは変だったり（兄弟説）、自分のおよそ81分の1を超える質量を持つ天体を捕まえることは困難だったり（捕獲説）と、どの説にも疑問が残りました。

そこに登場したのが「ジャイアント・インパクト説」（22ページ参照）でした。この説を提唱したのはドン・デービスとウイリアム・ハートマン。1975年のことでした。

惑星と地球の衝突で誕生したのであれば、衝突した天体の破片と原始地球のマントル層が吹き飛ばされ主成分になったと考えられ、月に金属の核がほとんどないことも説明がつきます。

これはコンピュータによるシミュレーションとも合致して、この説が現在ではもっとも有力視されています。

ジャイアント・インパクト説前に提唱された３つの説

●親子説（分裂説）

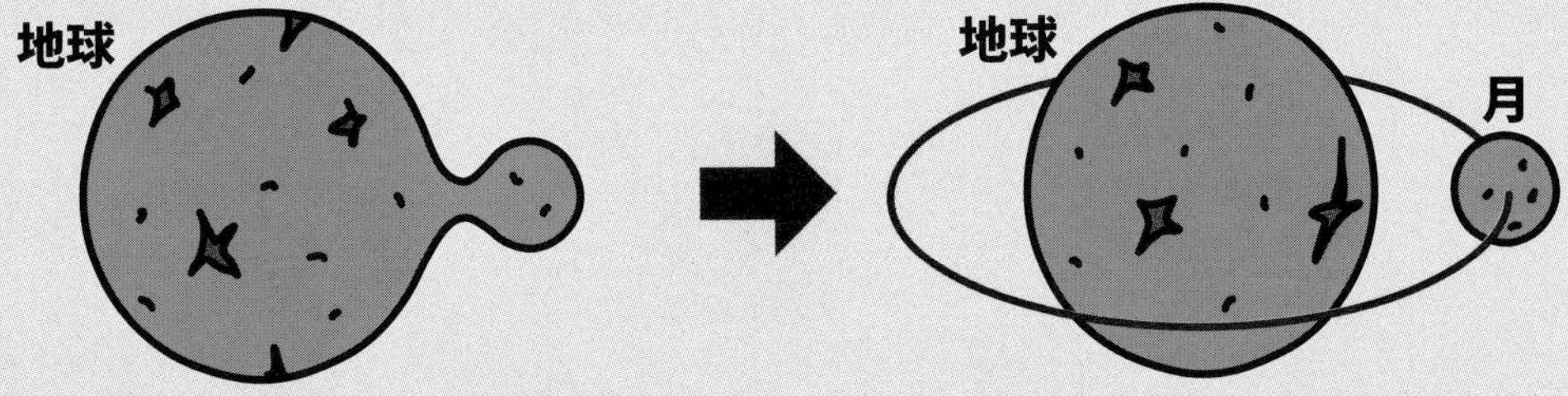

原始地球は高温でやわらかく、現在より自転速度が早かったため、赤道付近の一部が遠心力で飛び出した。

ちぎれた部分が丸くなり月となった。

●兄弟説（共成長説）

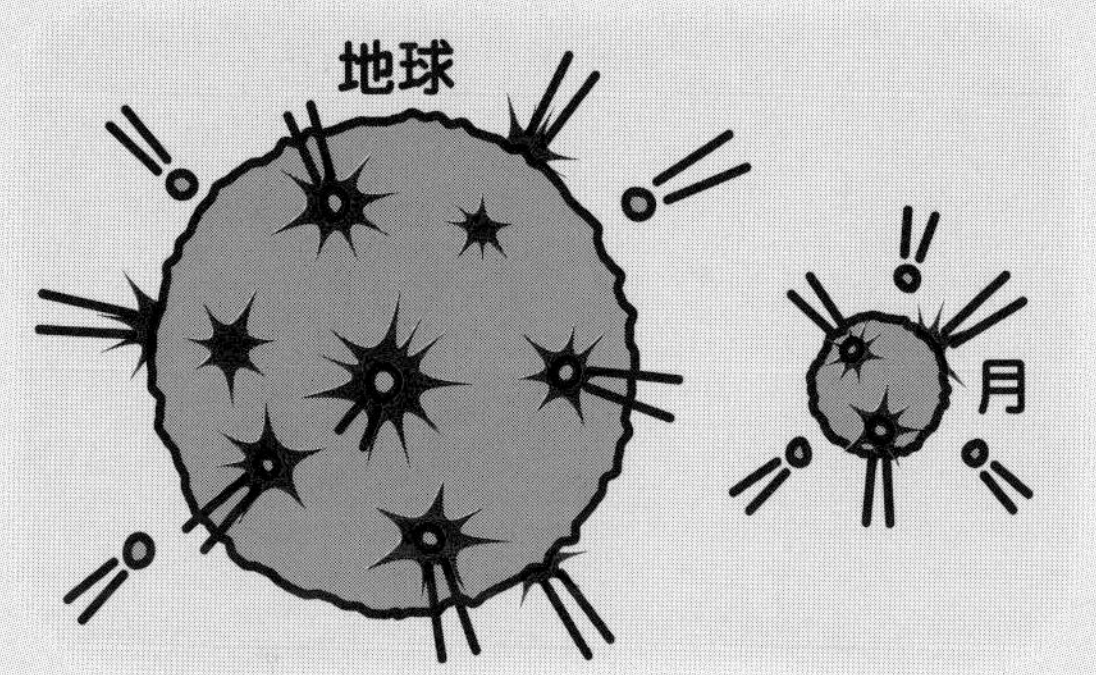

微惑星から原始地球が形成されるときに、月も同じガスやちりからできた。

●他人説（捕獲説）

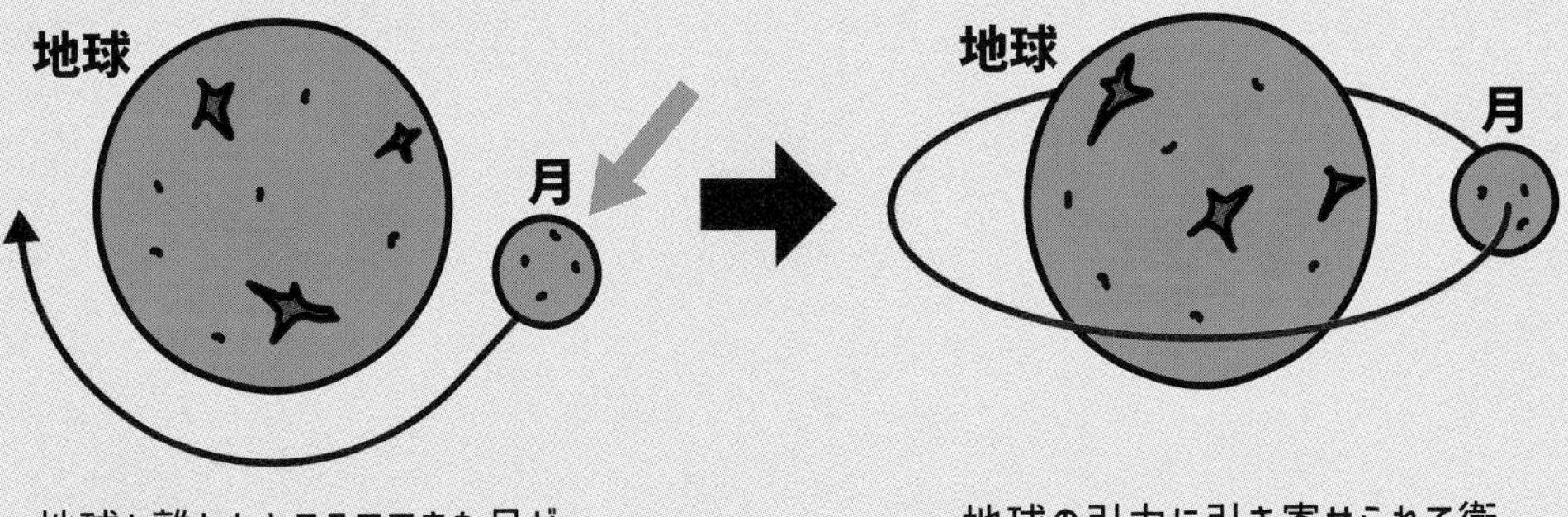

地球と離れたところでできた月が、たまたま地球のそばを通る軌道に乗った。

地球の引力に引き寄せられて衛星となった。

Q もし月がなかったら、地球はどうなる？

A 超高速の自転で生命の生存には過酷すぎる環境に

月の引力が地球を命の惑星に

地球と月とは、引力という力でお互いに引き合っています。この引力と、引き合いながら回るときに生じる遠心力が海の干潮と満潮を引き起こします。これが潮汐力《ちょうせきりょく》（潮汐作用）です。

惑星と衛星がお互いにこれほど作用し合うのは、太陽系では地球と月だけと考えられています。

そんな月がなかったら、海の満潮、干潮はもちろんのこと、地球はいまのような「命の惑星」ではなかった可能性があります。

たとえば、**月の潮汐力は地球の自転スピードを遅くする作用をしています**。もし月がなかったら、地球は1日8時間という猛烈なスピードで回転していたと考えられます。

そうであれば地表も海も大荒れの状態で、もし生命が誕生できたとしても、現在の人類のような進化は望めなかったでしょう。

また、地球の自転軸の傾きを一定に保ってくれているのも月の引力です。

地球は自転軸が約23・4度傾いた状態で太陽の周りを1年かけて公転しています。

月がなければ、自転軸がわずか1度ずれただけでも、その傾きは予測不能な変動を起こし、大規模な気候変動が起こっていたはず。

このように唯一の衛星である月こそが、地球に生命の誕生をもたらしたと考えられるのです。

人類にとって月はいちばん身近な天体です。月の満ち欠けから暦が生まれ、月を舞台に物語が語られてきました。そしてついにアポロ計画によってはじめて人類が月に立ったことで、月は物語の舞台からリアルな存在になったのです。

潮汐力のしくみ

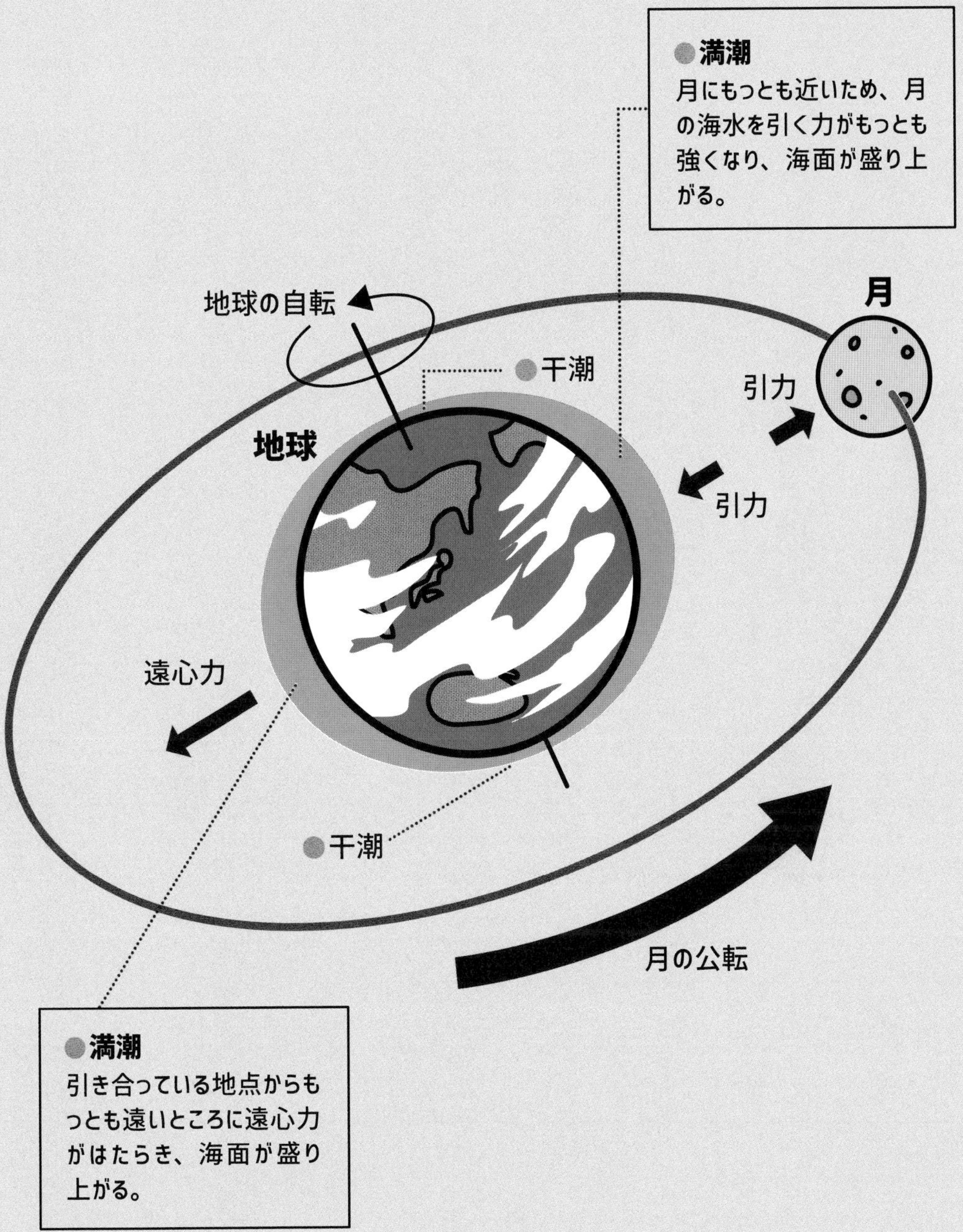
●満潮
月にもっとも近いため、月の海水を引く力がもっとも強くなり、海面が盛り上がる。
地球の自転
●干潮
月
引力
地球
引力
遠心力
●干潮
月の公転
●満潮
引き合っている地点からもっとも遠いところに遠心力がはたらき、海面が盛り上がる。

地球と月はお互いに引っぱり合っている。この力が海水の干潮、満潮を引き起こす。

Q 月のクレーターはどうしてできたの？

A 微惑星が大量に衝突してできた説が有力

天体が衝突してできた穴

月面の写真を見ると、円形の窪地があるのがわかります。あれがクレーターです。

実は、**月のクレーターを発見したのはガリレオ・ガリレイでした**。彼は物理学者として有名ですが、天文学者としても多くの業績を残しています。

1609年、自作の望遠鏡で月を観察した結果、月は水晶のようなつるつるとした球体ではなく、無数の山や窪みがあることを見つけたのです。

では、そんな月のクレーターはどうしてできたのでしょうか？

これについては、古くから2つの説が論じられてきました。1つが、火山の火口説。1つが、月に天体が衝突して形成された説です。

この論争に決着をつけたのが、アポロ計画による月の直接探査でした。

月から持ち帰った岩石の分析によって、激しい衝突の痕跡《こんせき》が明らかになったのです。これが衝突起源説の動かぬ証拠となりました。

月面に超音速で天体が衝突すると、その衝撃や熱によって月面はドロドロに溶け、ふちが盛り上がり、内側は溶けた地面が平たく固まったと考えられます。

衝突した天体の質量や衝突速度によってクレーターの大きさはさまざま。直径200キロメートルを超える大きなものから、直径数キロメートル以下のものまで、その数は数万個にのぼります。

調査の結果、クレーターが多くみられる月の高地は40億年ほど前の古い地質であることがわかりました。**40億年前から38億年前にかけて、無数の天体が激しく衝突した時期があり、そのときに形成されたものと推測されます。**

月の大きなクレーターのでき方

月面に微惑星（隕石）が衝突。

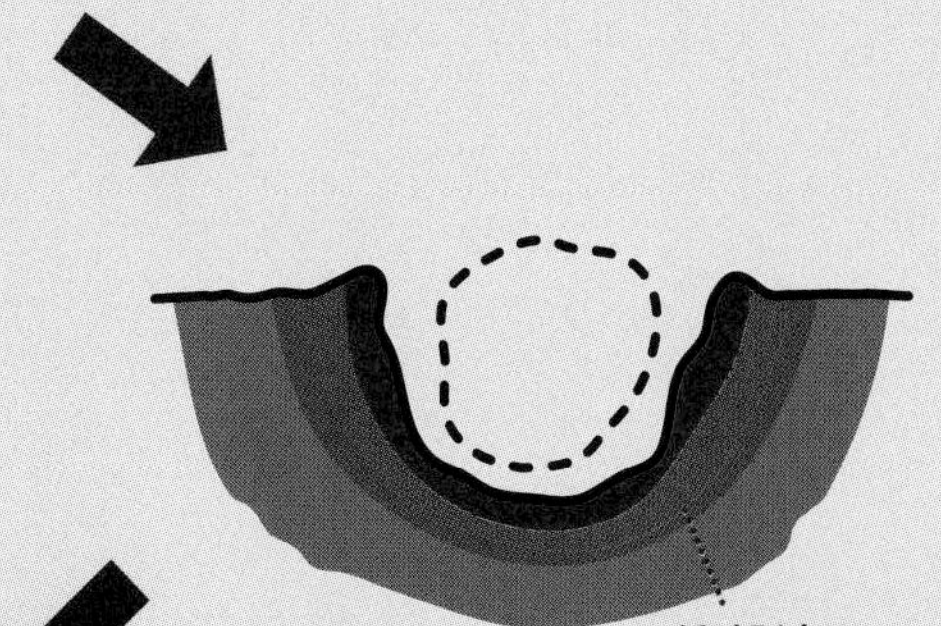

微惑星の衝突により、その衝撃や熱で、周りが溶けた。

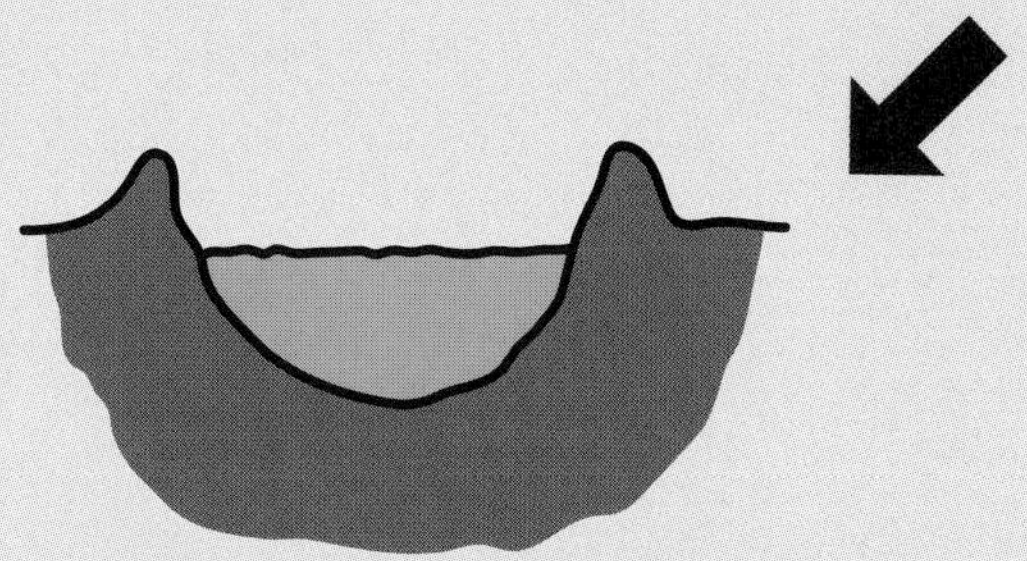

ふちが盛り上がり、くぼみの内側は溶けた地面が平たくなり、クレーターに。

●月のクレーター

1969 年、月の軌道上のアポロ 11 号から見たクレーター「ダダロス」。月の裏面のほぼ中央に位置していて、直径は約 93 キロメートルで、深さは約 3キロメートルある。将来的に、巨大電波望遠鏡の設置場所として提案されている。

NASA

Q アポロはホントに月に行ったの？

A 都市伝説にもなったけれど……ホントに行っています！

アメリカと旧ソ連の宇宙開発競争

１９５７年ごろから、**当時、冷戦状態だったアメリカと旧ソ連（現ロシア）の間で、激しい宇宙開発競争が繰り広げられました。**

そのなかで、月の探査に関しては、まず旧ソ連が１９５９年に月探査機「ルナ１号」を打ち上げ、「ルナ計画」をスタートさせました。

この計画では、人工物による初の月面到達、月の裏側の初撮影、初の軟着陸などを成功させました。

一方アメリカも、１９６１年から「レインジャー計画」をスタートさせて、9基の月探査機を打ち上げ、巻き返しを図っていきました。

その後、有人探査計画がスタートしました。アメリカによる「アポロ計画」です。

そしてついに、1969年7月20日、アポロ11号によって、人類がはじめて月面に一歩をしるしたのです。

これを皮切りに１９７２年まで、全6回にわたって有人月面着陸に成功しました。

この結果、合計で４００キログラムに近い土壌や岩石を地球に持ち帰ることができ、設置した実験装置や観測機器などによって、月の科学的研究を大きく前進させることができたのです。

ところが、このような成果に対して、アポロ計画はすべてアメリカのでっち上げで、**人類は月に行っていないという「アポロ計画陰謀論が、マスコミをにぎわせました**。

「月には大気がないはずなのに星条旗がはためいている」、「空に星が写っていない」疑問が提示されたのです。

しかし、星条旗を月面にねじ込むときにポールを動かすのでその反動で旗は動きます。それどころか真空中では

米ソの月探査競争の年表（1959〜1972年）

1959年	9月12日	ルナ2号	旧ソ連	月「晴れの海」に衝突(1959/09/14)
1959年	10月4日	ルナ3号	旧ソ連	月の近くを通過、月裏側の撮影に成功
1963年	4月2日	ルナ4号	旧ソ連	月から8,500キロメートル付近を通過
1966年	1月31日	ルナ9号	旧ソ連	月着陸「あらしの海」(1966/02/03)
1966年	5月30日	サーベイヤー1号	アメリカ	月着陸「あらしの海」(1966/06/02)
1966年	12月21日	ルナ13号	旧ソ連	月着陸「あらしの海」(1966/12/24)
1967年	4月17日	サーベイヤー3号	アメリカ	月着陸「あらしの海」(1967/04/19)
1967年	9月8日	サーベイヤー5号	アメリカ	月着陸「静かの海」(1967/09/11)
1967年	11月7日	サーベイヤー6号	アメリカ	月着陸「中央の入江」(1967/11/10)
1968年	1月7日	サーベイヤー7号	アメリカ	月着陸「ティコ・クレータ」(1968/01/10)
1968年	9月14日	ゾンド5号	旧ソ連	月を周回後、地球に帰還、動物を搭載した
1968年	11月10日	ゾンド6号	旧ソ連	月を周回後、地球に帰還
1968年	12月21日	アポロ8号	アメリカ	月周回後、地球に帰還、有人
1969年	5月18日	アポロ10号	アメリカ	月周回後、地球に帰還、有人
1969年	7月16日	アポロ11号	アメリカ	月着陸「静かの海」(1969/07/20)、有人
1969年	8月7日	ゾンド7号	旧ソ連	月を周回後、地球に帰還
1969年	11月14日	アポロ12号	アメリカ	月着陸「あらしの大洋」(1969/11/19)、有人
1970年	4月11日	アポロ13号	アメリカ	事故発生、月を回って地球に帰還、有人
1970年	9月12日	ルナ16号	旧ソ連	月着陸(1970/09/20)、サンプルリターン(無人)
1970年	10月20日	ゾンド8号	旧ソ連	月を周回後、地球に帰還
1970年	11月10日	ルナ17号	旧ソ連	月着陸「雨の海」(1970/11/15)、ルノホート1号(無人ローバー)を使用
1971年	1月31日	アポロ14号	アメリカ	月着陸「ファラウマロ高地」(1971/02/05)、有人
1971年	7月26日	アポロ15号	アメリカ	月着陸「アペニン山脈」と「ハドリー谷」間(1971/07/30)、有人、ローバーを使用
1972年	2月14日	ルナ20号	旧ソ連	月着陸「豊かの海」(1972/02/21)、サンプルリターン(無人)
1972年	4月16日	アポロ16号	アメリカ	月着陸「デカルト高地」の南(1972/04/21)、有人、ローバーを使用
1972年	12月7日	アポロ17号	アメリカ	月着陸「タウルス・リトロー地域」(1972/12/11)、有人、ローバー使用

※「月探査報道ステーション」HPより抜粋 https://moonstation.jp/

上の年表は、旧ソ連が「ルナ２号」を打ち上げた1959年から、アメリカが最後に打ち上げた「アポロ 17号」までの、主な米ソの月探査の年表。どちらの国も１年間に何台ものロケットを打ち上げ、月探査を競い合っていたことがわかる。そのおかげで月についてさまざまなことがわかった。

空気の抵抗がないために地球上よりも動きやすいのです。

また、星については、撮影された時間が月の昼間であり、太陽光が当たって輝いている月面に露出を合わせているので星は写ってないわけです。

月の起源を決定づけたアポロ

では、見方を変えて、アポロが月に行ったことを示す動かぬ証拠をいくつか挙げてみましょう。

当時、**アポロ宇宙船の打ち上げは全世界が見つめるなかで行なわれました**。世界中の通信アンテナ、レーダー、光学望遠鏡などがアポロ宇宙船を追跡していたのです。また、アポロ宇宙船が月から持ち帰った鉱物には、一切、水が含まれていませんでした。これが月の誕生にまつわる「ジャイアント・インパクト説（22～23ページ参照）」を最有力仮説の地位に押し上げたのです。

なにより、旧ソ連も無人探査機を使って、同様の鉱物を採取しています。

実は、旧ソ連も有人の月着陸計画を立て、超大型の宇宙船を開発していました。しかし、その打ち上げテストに4回続けて失敗し、計画はついに流れてしまったということです。

さらに、アポロ計画においては3回にわたって月面にレーザー反射鏡を設置しています。この鏡に地球からレーザーを照射し、光が返ってくるまでの時間を測ることで、月までの距離をセンチメートル単位まで計測できるようになりました。

これは、ある程度の出力のレーザー発振器などがあれば、一般の人でも実験ができます。

ちなみに、**2008年5月、日本の月探査機「かぐや」は、月面の「雨の海」のハードレー峡谷で、アポロ15号が着陸の際につくった噴射跡の撮影に成功しています**。

Column

人類にとって月はどんな魅力があるの？

月の魅力のひとつがエネルギーや資源。**地球上では通常のヘリウムの100万分の1しか存在しないヘリウム3という物質が、月の土壌には数十万トンあると推定されます。**ヘリウム3が1万トンあれば、全人類の100年分のエネルギーがまかなえるといわれています。ほかにもアルミニウム、チタン、鉄などが豊富にあります。

また、地球の6分の1という重力も魅力。この重力下で野菜を育てれば、地球上で育てるよりもはるかに大きく育つ可能性があるのです。

人類のいまの技術レベルからすれば、月面基地の建築は実現可能です。

アポロが撮影した月面の写真

NASA

1969年。アポロ11号の機外活動（EVA）の際に撮影された、宇宙飛行士の靴の跡の拡大図。月の表面が柔らかな砂地であることがわかる。

NASA

1969年。アポロ11号の乗組員、エドウィン・E. オルドリン・ジュニア宇宙飛行士が月の表面にアメリカ国旗を立てた。このときの動画で国旗のはためいていたこともアポロ計画陰謀論のきっかけとなった。

NASA

人類初の月面上陸を成功させたアポロ11号の乗組員を乗せ、月の海「静けさの海」に上陸した月面モジュール「エンジェル」。

Q 太陽はどうやって誕生したの？

A 水素による核融合で生まれた

「育星場」分子雲から誕生

地球がある太陽系は、太陽という恒星を中心にできています。

地球から太陽までの平均距離は約1億4960万キロメートルで、光の速さで約8分20秒かかります。

半径は地球のおよそ109倍。質量は地球の33万倍で、これは太陽系の全質量の99・86パーセントを占め、太陽系のすべての天体に重力の影響を与えています。

こんなに大きな太陽ですが、**天の川銀河では標準的な恒星の1つにすぎません**。

では、太陽はどのようにして生まれたのでしょうか？

現在の宇宙論によれば、宇宙は「インフレーション」と「ビッグバン」をきっかけにして、138億年前に誕生したと考えられています。

ビッグバンによって物質のもととなる素粒子が生成されたのですが、初期の宇宙に存在した元素は、ほとんどが水素だったとみられています。

その水素が集まり「分子雲」と呼ばれる星雲を形成します。分子雲は「育星場」「星のゆりかご」などと呼ばれ、このなかで星は育っていきます。

太陽も分子雲から誕生しました。

分子雲のなかで、密度の高い「分子雲コア」がいくつも生まれて、自分の重力でどんどん収縮して「原始星」になります。原始星は周囲のガスやちりを吸収しながらさらに収縮します。

やがて中心部の密度が高まり、核融合が起こるようになります。さらに中心の温度が1000万度以上もの高温になって、明るく輝き出し、いまの太陽として成長していったと考えられるのです。

これが46億年前のことです。

太陽が生まれるまでの流れ

分子雲コア

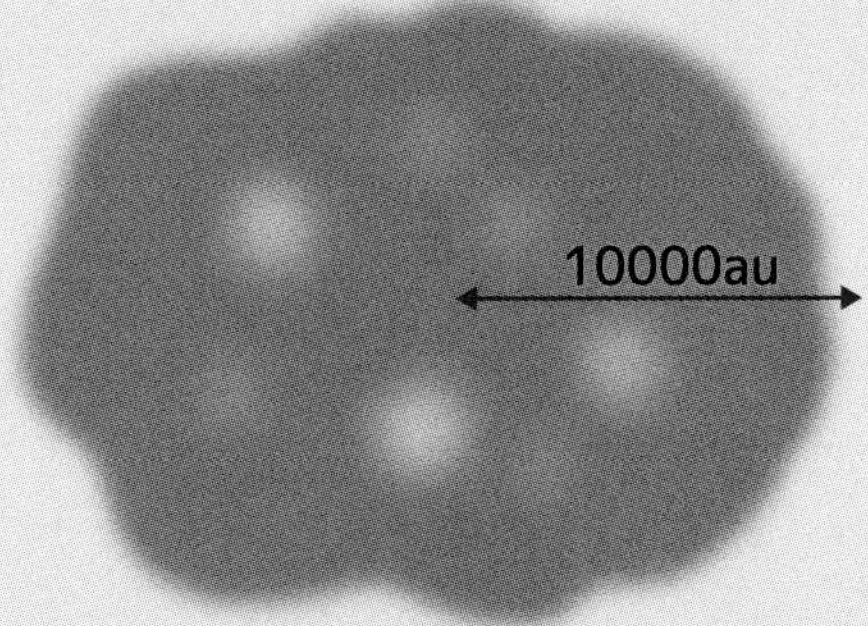
10000au

分子雲は星雲の一種で、大部分は水素分子でできている。典型的な大きさは直径100光年、質量は太陽の10万倍。そのなかで、分子雲コアというかたまりができる。

※au＝天文単位（P24参照）

原始星

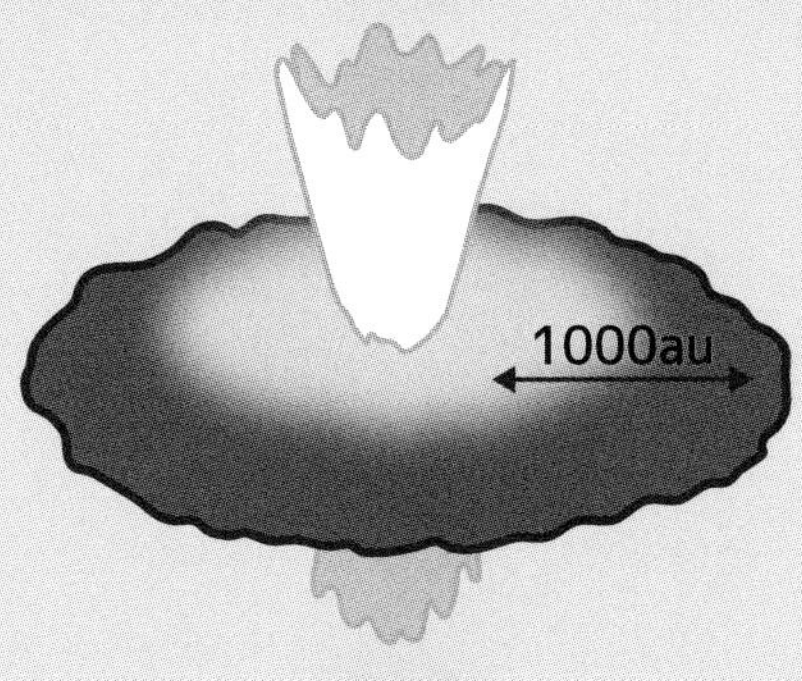
1000au

ちりをふくむ星間ガスのかたまりで、ガスが圧縮され高温になり、赤外線や電波を放射する。

微惑星

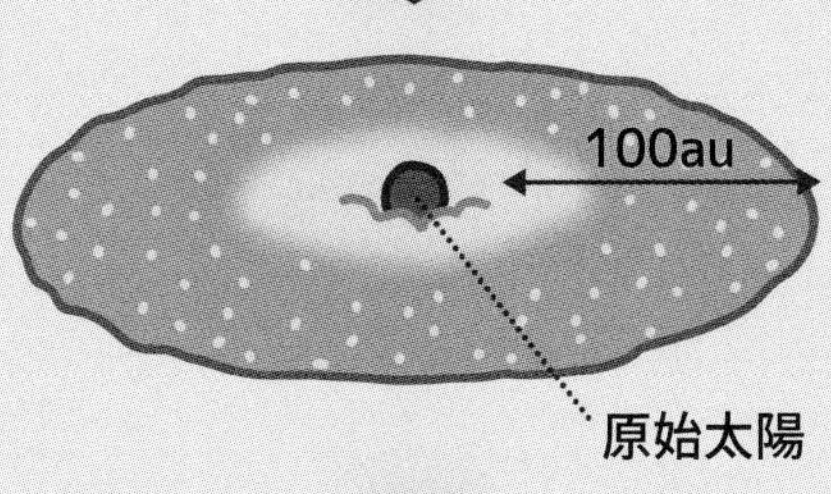
100au
原始太陽

原始太陽の周りには「原始惑星系円盤」とよばれるガス円盤ができる。原始惑星系円盤にはごく小さなちりがふくまれ、それが集まって微惑星をつくる。

現在の太陽系

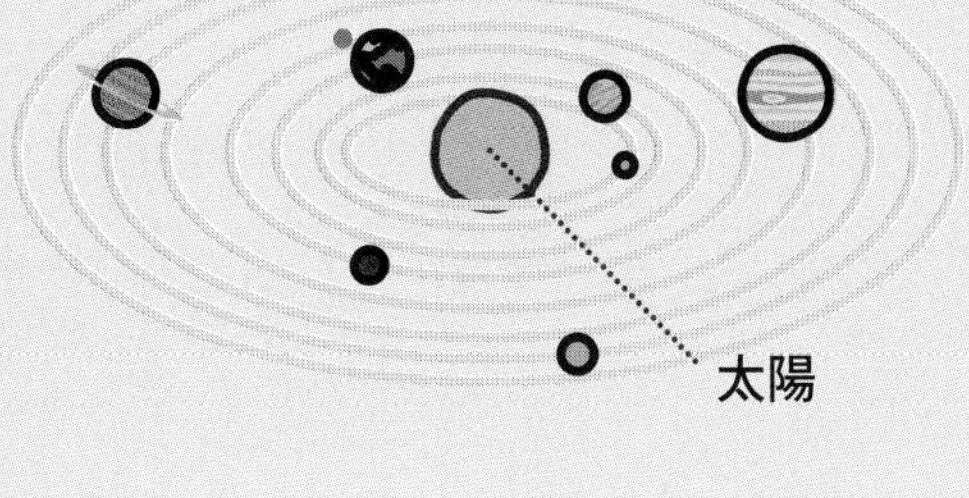
太陽

太陽が完成し、太陽を取り巻いていた原始惑星系円盤から現在の惑星ができ上がった。

Q 太陽の構造はどうしてわかるの？

A 太陽の表面の振動から内部の構造を推測

震度の伝達速度で密度を推測

太陽の周囲のコロナは１００万度といわれています。そんな星に人類が行くことはできません。

ましてや、太陽の内部に探査の手を伸ばすことは不可能でしょう。

では、どうやって太陽の内部を調べたのでしょうか？

実は、太陽の中心部の密度と温度がどれほどのものになり、その環境のなかで水素の原子核がどのようにふるまうのかということは、コンピュータによるシミュレーションなどで計算できました。

しかし、それがほんとうに正しいのかどうかは、だれにもわかりませんでした。

それを調べる手段として登場したのが、**太陽の表面に現れる振動を解析する方法です。これが「日震学《にっしん》」です。**

地球の内部構造を調べるとき、地震の伝わる速度を用いる方法があります。

地震が伝わる速度は地球内部の密度によって異なり、地震波が伝わってきたデータを集めれば、地球内部の構造を推測することができます。

日震学の考え方は、これとほぼ同じです。

太陽を観察していくと、ほぼ5分周期で振動することがわかりました。これを「太陽の5分振動」と呼びます。

太陽の表面に現れるこの振動を解析することによって、地球と同じように内部構造を推測することができるようになったのです。

その結果、核融合を起こしている「中心核」、電磁波でエネルギーを運ぶ「放射層」、半径の30パーセントの深さから表面までの「対流層」、という構造になっていることが確かめられたのです。

太陽の構造

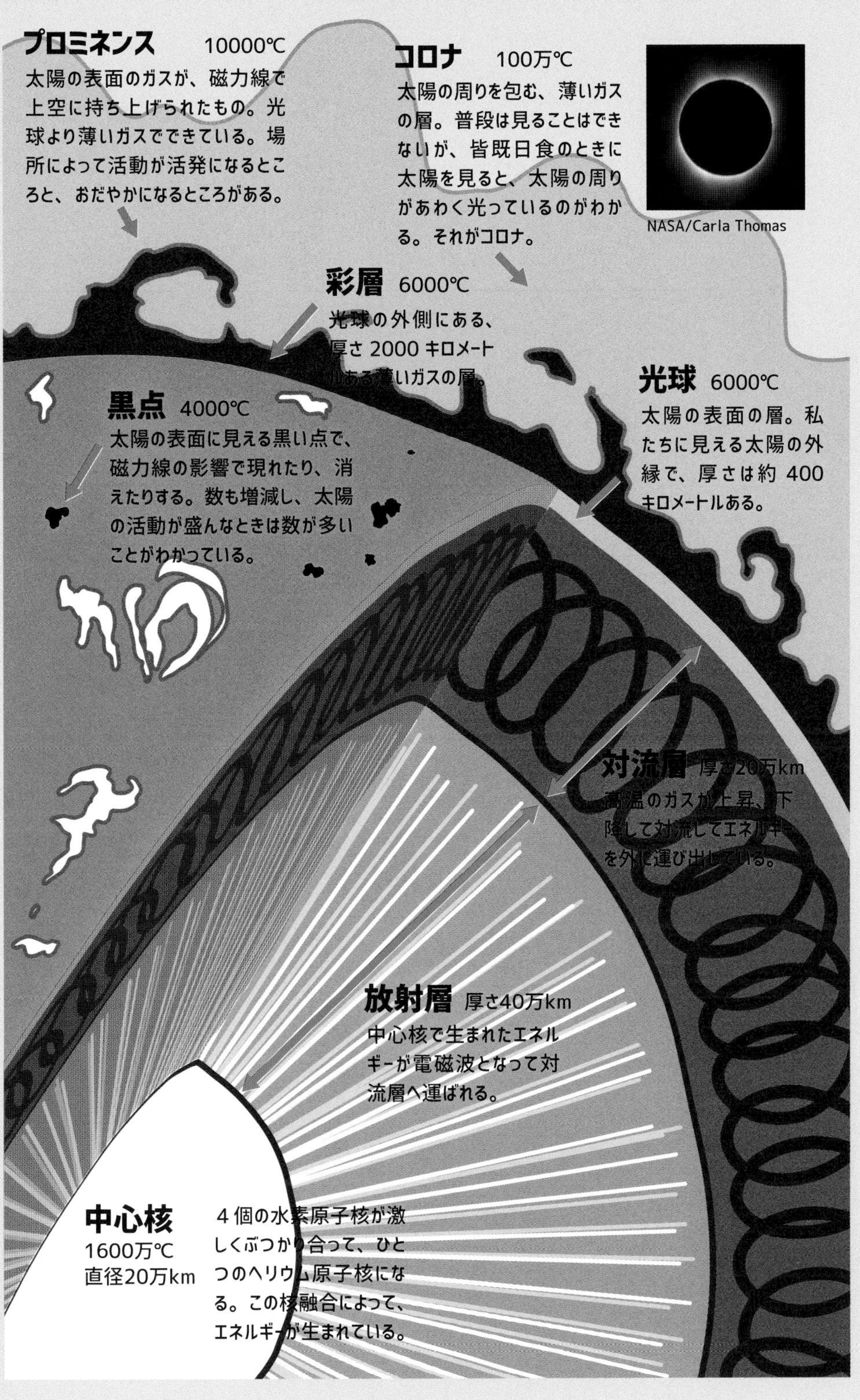
プロミネンス 10000℃
太陽の表面のガスが、磁力線で上空に持ち上げられたもの。光球より薄いガスでできている。場所によって活動が活発になるところと、おだやかになるところがある。
コロナ 100万℃
太陽の周りを包む、薄いガスの層。普段は見ることはできないが、皆既日食のときに太陽を見ると、太陽の周りがあわく光っているのがわかる。それがコロナ。
彩層 6000℃
光球の外側にある、厚さ 2000 キロメートルある薄いガスの層。
光球 6000℃
太陽の表面の層。私たちに見える太陽の外縁で、厚さは約 400 キロメートルある。
黒点 4000℃
太陽の表面に見える黒い点で、磁力線の影響で現れたり、消えたりする。数も増減し、太陽の活動が盛んなときは数が多いことがわかっている。
対流層 厚さ20万km
高温のガスが上昇、下降して対流してエネルギーを外に運び出している。
放射層 厚さ40万km
中心核で生まれたエネルギーが電磁波となって対流層へ運ばれる。
中心核
1600万℃
直径20万km
４個の水素原子核が激しくぶつかり合って、ひとつのヘリウム原子核になる。この核融合によって、エネルギーが生まれている。

NASA/Carla Thomas

Q 太陽は星が燃えているの？

A 中心での核融合によって巨大なエネルギーを放出

太陽の主成分は荷電粒子

地球上の生命のほぼすべては、太陽エネルギーのおかげで生きています。人類の文明を支える化石燃料も、水力や風力などの自然エネルギーも、太陽エネルギーが変化したものなのです。

では、太陽のエネルギーはどのようにして生み出されているのでしょう?

それは、なにかが燃えているのではありません。太陽はすでに46億年もの間エネルギーを生み出し続けています。いくら太陽が大きいとはいえ、そんなに長い間燃え続けていられる燃料は存在しません。

そもそも太陽は、地球や月のような岩盤の地殻がなく、気体でできた星なのです。

太陽エネルギーの源は、核融合です。太陽の中心核は直径20万キロメートルで、1500万度、2500億気圧という高温・高圧状態になっています。ここで、水素原子核がヘリウム原子核に変わる核融合が起こり、巨大なエネルギーを生み出しているのです。

こうしてつくられたエネルギーは、厚さ40万キロメートルの放射層と、同じく20万キロメートルの対流層を、およそ数十万年かけて通り抜け、表面に出ます。**内側から放出された光や熱で、太陽は真っ赤に燃えているように見えるのです。**

太陽エネルギーは太陽風と共に宇宙空間へと放出されますが、地球に届くのはそのうちの20億分の1だといわれています。

太陽の活動は、約11年の周期で強弱のリズムを繰り返していて、活動が活発なときに多く現れるのが黒点です。

そして、黒点の減少と地球の氷河期には関係があることがわかっています。

太陽エネルギーが生み出されるしくみ

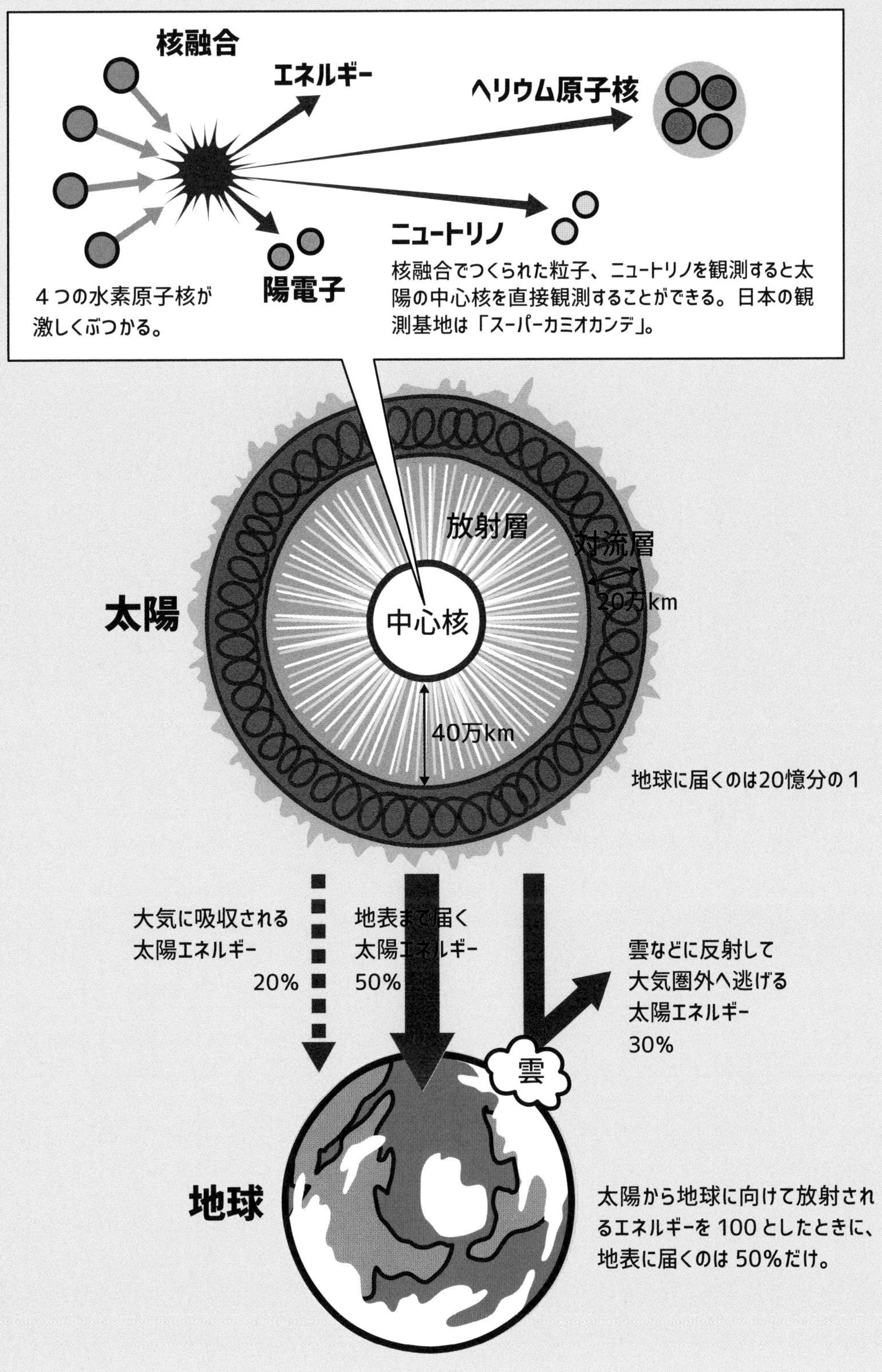
核融合
エネルギー
ヘリウム原子核
ニュートリノ
陽電子
４つの水素原子核が
激しくぶつかる。
核融合でつくられた粒子、ニュートリノを観測すると太
陽の中心核を直接観測することができる。日本の観
測基地は「スーパーカミオカンデ」。
放射層
対流層
20万km
太陽
中心核
40万km
地球に届くのは20億分の１
大気に吸収される
太陽エネルギー
20%
地表まで届く
太陽エネルギー
50%
雲などに反射して
大気圏外へ逃げる
太陽エネルギー
30%
雲
地球
太陽から地球に向けて放射され
るエネルギーを 100 としたときに、
地表に届くのは 50%だけ。

Q 太陽が地球を動かすエンジンってホント?

A 地球の大気と水の大循環は太陽のおかげ

温度差が大気を動かす原動力

前項のように、太陽から放出されたエネルギーで、地球に届くのはわずか20億分の1だといわれています。

こうして地球に届いたエネルギーも、雲や地表面の反射などで、3割近くは宇宙空間に放散されています。

地球はほぼ球形です。赤道付近では真上から太陽のエネルギーを受けられますが、高緯度の北極や南極地域では斜めに受けることになり、面積に対して受けるエネルギーが少なくなります。

それに氷雪による反射が加わります。地表面が氷雪に覆われているエリアでは、反射率が80パーセントに達します。

つまり太陽のエネルギーを受け取りにくい極地域は氷雪を蓄えやすく、そのために反射率も上がって、寒冷化がさらに進行するのです。

このように、**赤道付近と極地域では太陽から受け取るエネルギーの差は非常に大きいのです**。

もし熱エネルギーが移動しなければ、高緯度地域と低緯度地域の気温差は１００度に及ぶと考えられます。

ところが、**この巨大な温度差こそが、地球全体の大気を動かす原動力となっているのです**。

高緯度地域が冷えると、低緯度地域の熱エネルギーは大気を通じて高緯度地域に移動します。エネルギー移動は水平方向にも起こり、地球全体の気候を調節する大気の大循環システムとなっているのです。

大気だけではなく、水も同様の大循環をします。温められた低緯度地域の海水は高緯度地域へと流れます。それが海洋大循環のシステムです。

まさに、太陽こそ「地球システム」を支えるエンジンといっていいでしょう。

地球に吹く６つの風

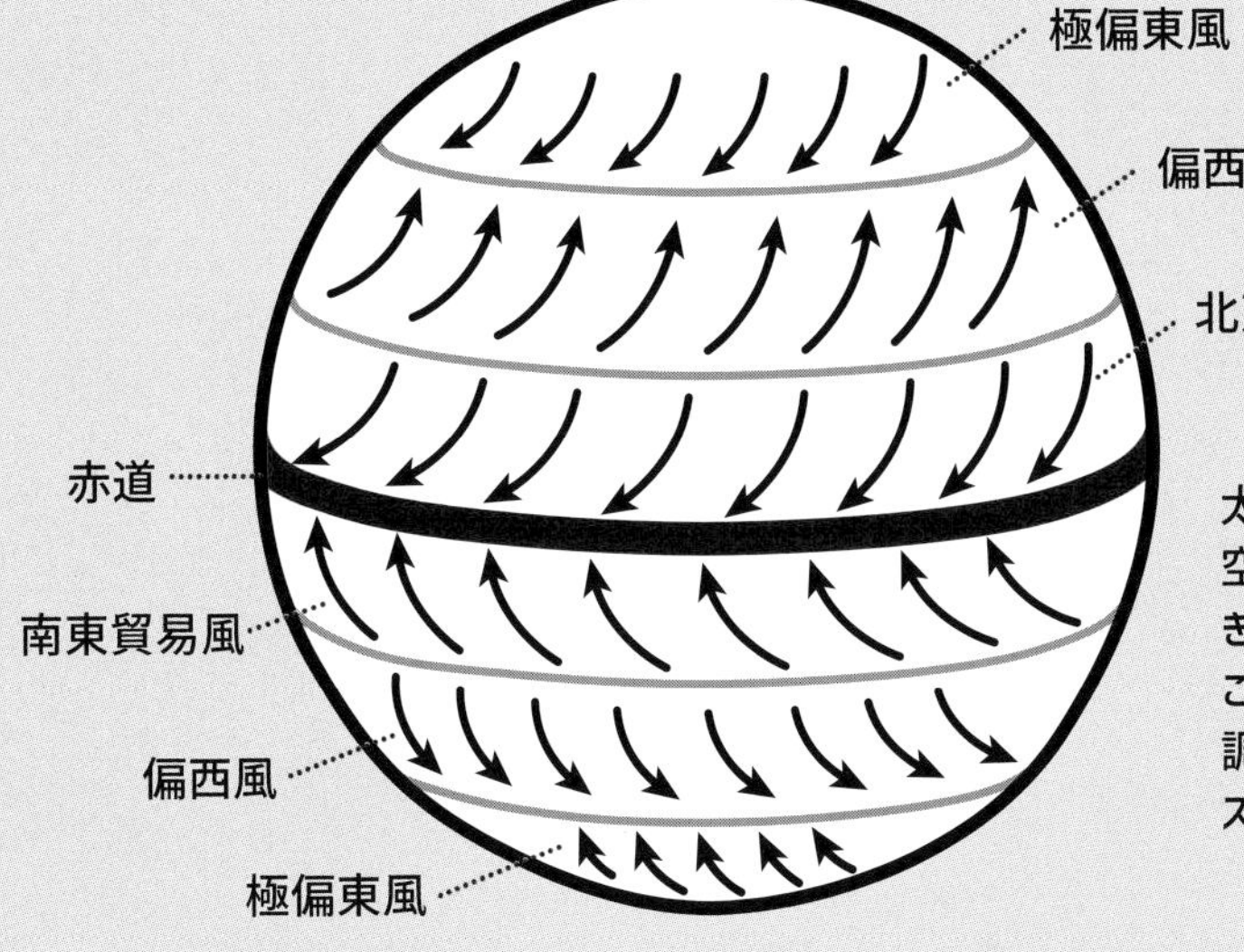
極偏東風
偏西風
北東貿易風
赤道
南東貿易風
偏西風
極偏東風

太陽エネルギーを受けると、空気の対流が起こり、大きな６つの風が生まれる。これが地球全体の気候を調節する大気の大循環システムだ。

コリオリの力

フランスの物理学者カスパール・コリオリが、19世紀はじめに研究した慣性の力のひとつ。北半球では風の軌道は右にカーブし、南半球では左にカーブする。この、風などを曲げる力をコリオリの力という。

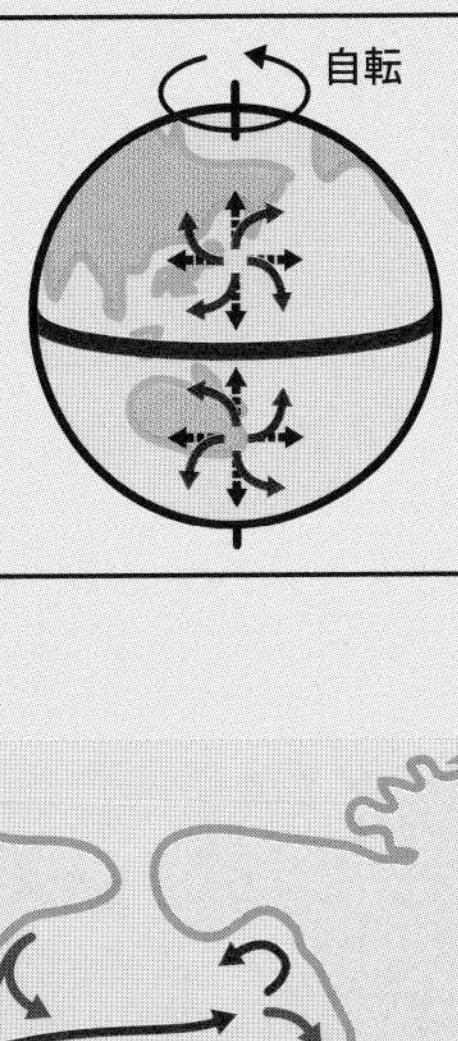
自転

北半球では東西南北のどの方向へ進んでも、右向きの力を受ける。

南半球では左向きの力を受ける。

●世界をめぐる海流

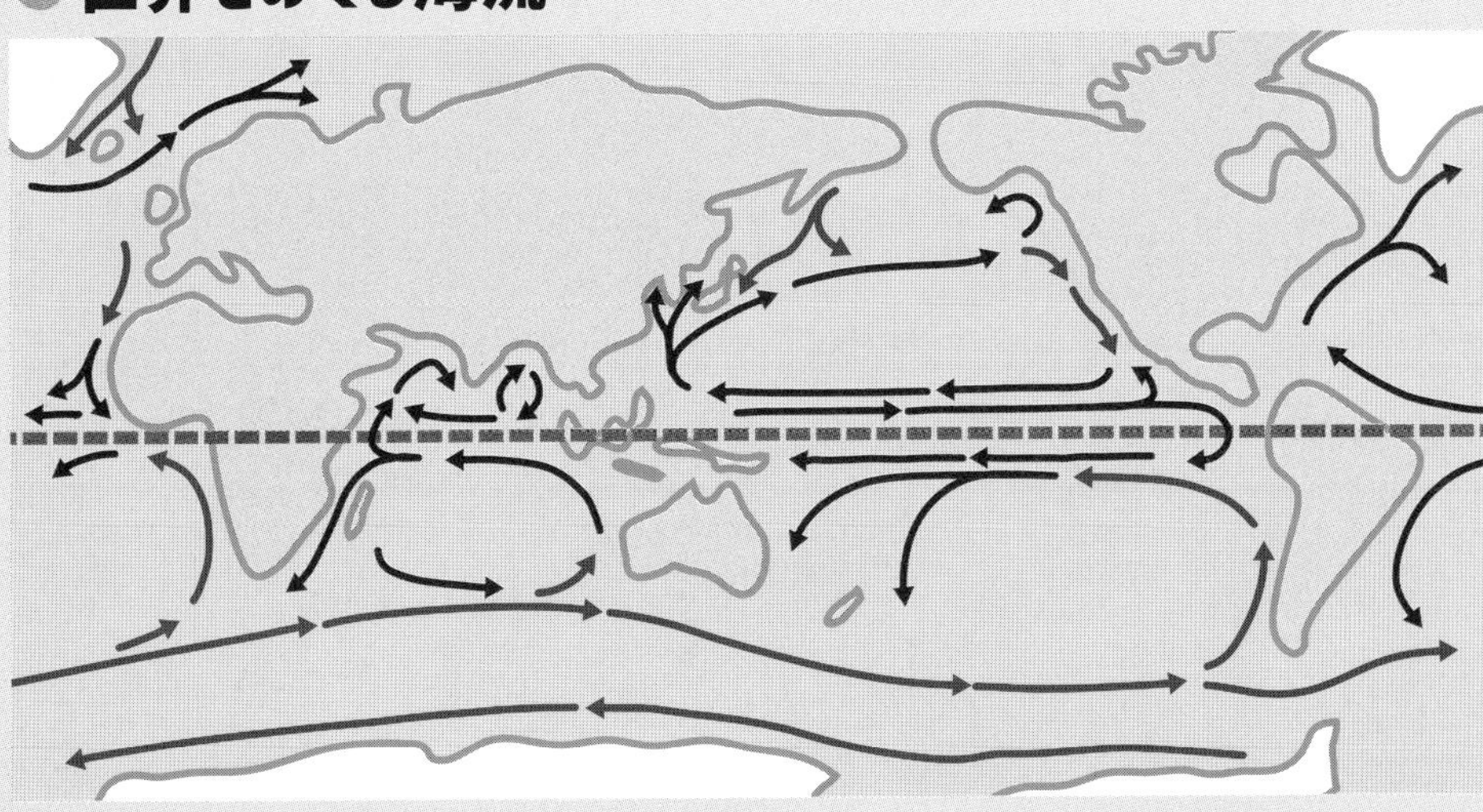

海流はつねに一定方向に流れていて、赤道をはさんで循環している。海流によって運ばれる温かい海水と冷たい海水は気候にも影響を与える。

●寒流……おもに極地方向から赤道付近方面に流れる海流。

●暖流……おもに赤道付近から極地方向へ流れる海流。

Q 太陽系の惑星はどうやって生まれたの？

A ガスやちりが集まった原始惑星系円盤から誕生

小さなかたまりが衝突・合体

いまからおよそ46億年前、天の川銀河の片隅で超新星爆発が起こり、宇宙空間に大量のガスやちりが放出されました。

これらが材料の一部となり、分子雲が生まれました。**そのなかで密度の濃い部分は分子雲コアと呼ばれています。**

この分子雲コアは回転していて、ガスやちりが収縮することで回転速度が上がっていきます。

すると、遠心力が働いて扁平《へんぺい》で巨大な円盤状になります。これが原始惑星系円盤です。

やがて円盤の中心部が高温・高圧になって輝きはじめ、原始太陽となりました（43ページ図参照）。

そして、原始太陽の周囲にあるガスやちりはだんだん冷えていき、たくさんの小さなかたまりができます。

そのかたまりが衝突と合体を繰り返して、やがて小さな天体ができます。こうして生まれたのが微惑星です。

微惑星は、原始惑星系円盤のガスのなかで太陽の周りを公転しながら、衝突を繰り返して大きさを増し、原始惑星へと成長しました。

太陽の近くの微惑星は中心核を持った水星、金星、地球、火星といった「地球型惑星」（岩石型惑星）となりました。

太陽から離れた微惑星は、岩石と氷の惑星で形成されたコアを中心に持ち、コアの周囲に大量の水素とヘリウムをまとった「木星型惑星」（巨大ガス惑星）となりました。

木星と土星がこれです。

さらに太陽から離れたところでは、氷と岩石の周りにわずかなガスがある「天王《てんのう》星型惑星」（巨大氷惑星）になりました。

天王星と海王《かいおう》星がこれです。

太陽と惑星の大きさの比較と惑星の３つのタイプ

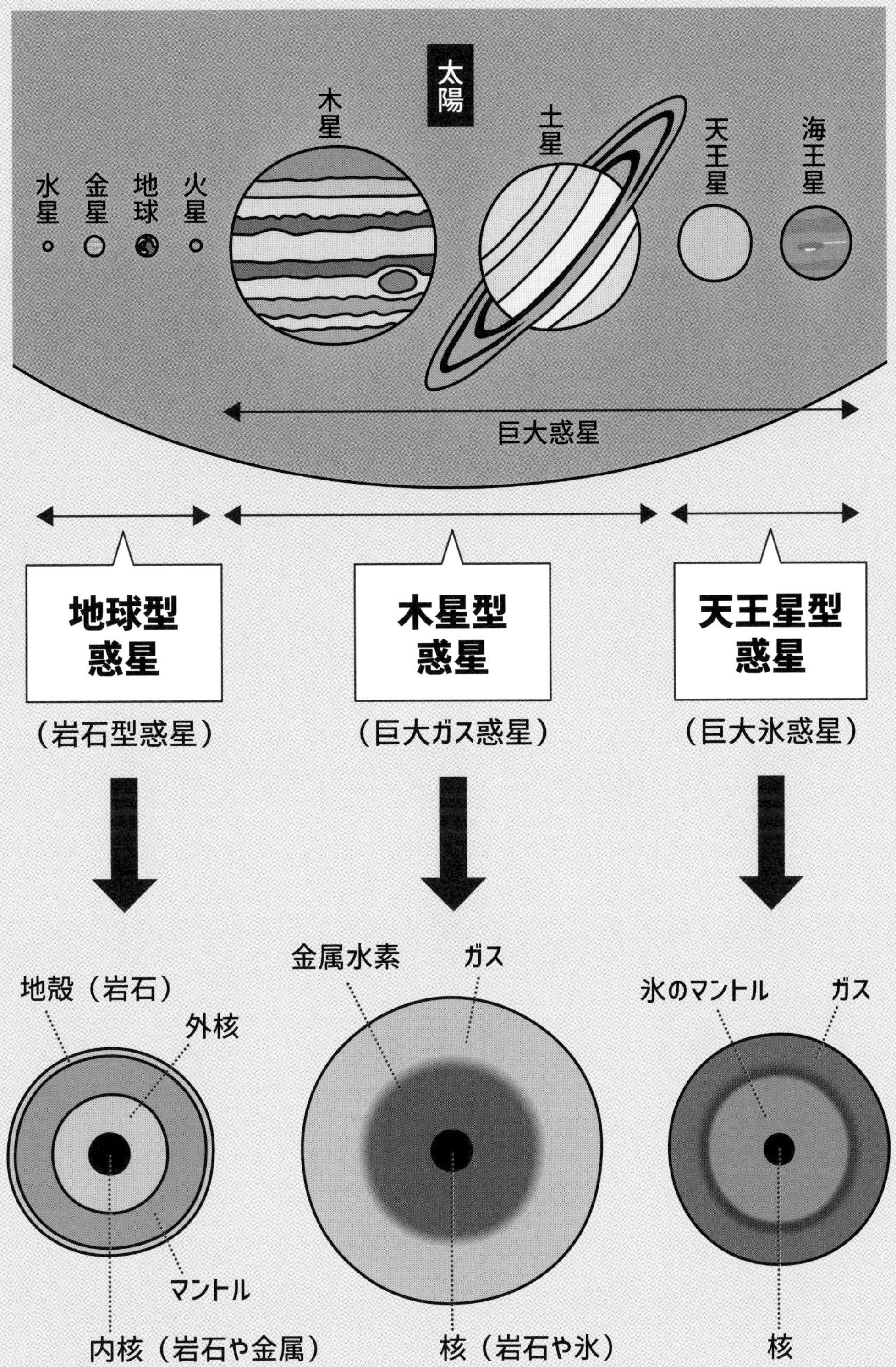
太陽
水星
金星
地球
火星
木星
土星
天王星
海王星
巨大惑星
地球型惑星
（岩石型惑星）
木星型惑星
（巨大ガス惑星）
天王星型惑星
（巨大氷惑星）
地殻（岩石）
外核
マントル
内核（岩石や金属）
金属水素
ガス
核（岩石や氷）
氷のマントル
ガス
核

Q 太陽にいちばん近い水星は熱いってホント？

A 日射を受ける側では４００度に達する

反対側はマイナス１６０度！

太陽にいちばん近い公転軌道で回っているのが水星です。

太陽系のなかではもっとも小さな惑星ですが、平均密度は地球に次いで高い数字を示しています。このことから、水星は鉄などの重い材料でできており、中心部は惑星半径の75〜80パーセントを占める金属の核があると考えられます。

小さいけれどめちゃくちゃ重い惑星なのです。

水星がこれほど大きな核を持っているのは、原始惑星だったときの水星に巨大な天体（水星の半分ほどの半径を持つ天体）が衝突し、岩石を主成分とするマントル部分が吹き飛ばされたからと考えられています。

水星は太陽にいちばん近いことで、太陽の日射を受ける側では４００度に達する一方、反対側ではマイナス１６０度まで下がります。

これは、大気が地球の1兆分の1程度と非常に希薄で熱を保持できないうえ、自転が遅くて夜が長いので、夜間に放射冷却が起こるためです。

水星の表面には、月の表面と同じようなクレーターが数多く見られます。

最大のクレーターは、水星の直径の4分の1以上、１３００キロメートルあまりの「カロリス盆地」。

これは直径１００キロメートルはあったであろう小惑星の衝突によって形成されたと考えられています。衝突したのがもっと大きな天体であれば、水星そのものが破壊されたかもしれません。

とはいえ、水星は火星や金星などに比べて地味な存在です。**それは太陽の光が邪魔《じゃま》して、なかなかその姿を地上からは見ることができないからです。**

水星の姿と構造

NASA/Johns Hopkins University Applied Physics Laboratory/Carnegie Institution of Washington

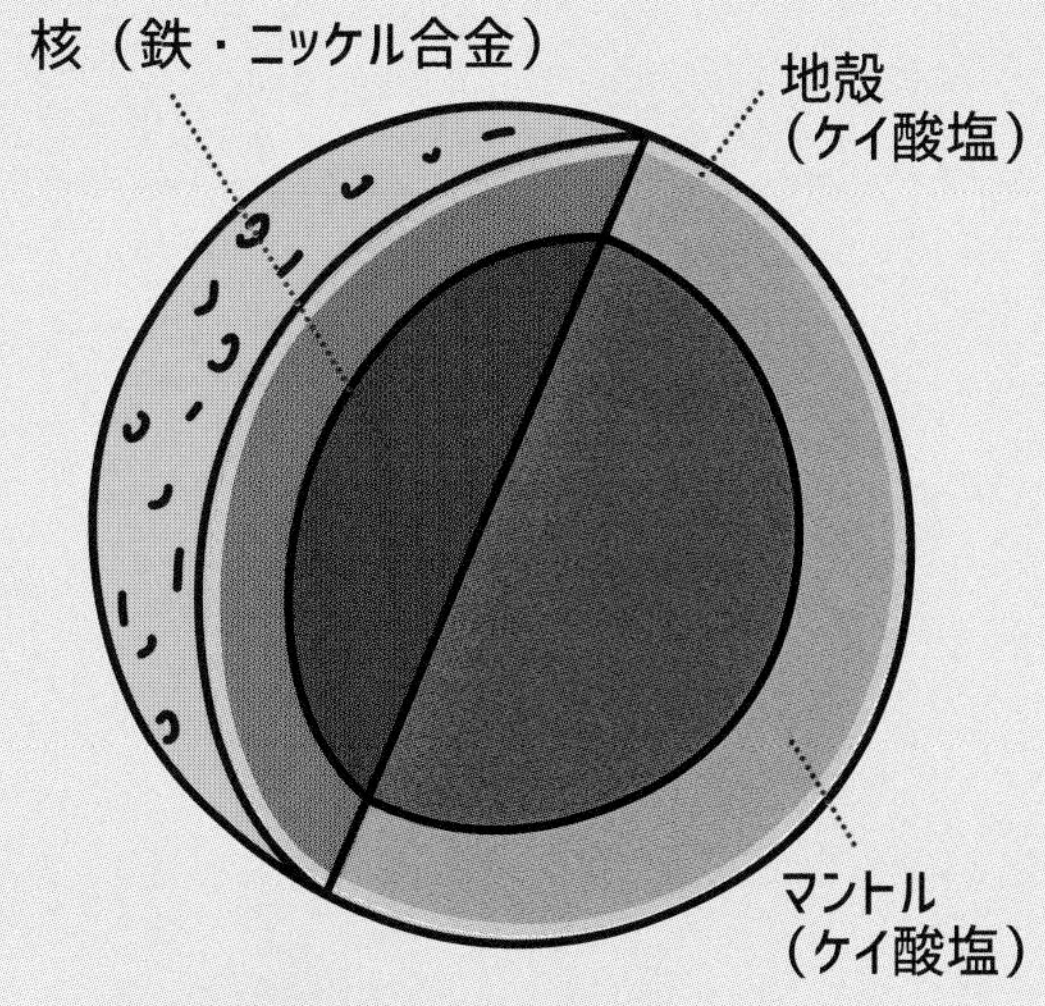
核（鉄・ニッケル合金）
地殻
（ケイ酸塩）
マントル
（ケイ酸塩）

水星データ

- 赤道半径：2440km
- 質量（地球＝１）：0.055
- 軌道長半径（地球＝１）：0.387
- 公転周期：87.97日
- 自転周期：58.65日
- 太陽からの放射量（地球＝１）：6.67

地形

無数のクレーターに覆われており、月に似た地形になっている。
(NASA/Johns Hopkins University Applied Physics Laboratory/Carnegie Institution of Washington)

広大なカロリス盆地

広範囲に白っぽく見える部分がカロリス盆地。2008年１月にメッセンジャーが撮影した。
(NASA)

Q なぜ金星は地球と「双子の惑星」といわれているの？

A 姿かたちが似ているから。でも中身は全然違った

表面温度500度の灼熱の惑星

金星は、地球とほぼ同じ直径と密度の惑星です。

このことから、**金星は地球と「双子の惑星」といわれてきました。ところが、惑星表面の状況はまったく異なっています**。

地球の表面は液体の水が存在できるような穏やかな環境ですが、金星は表面温度が500度近くにも達する灼熱《しゃくねつ》の惑星なのです。

2つの惑星の命運を分けたのが、太陽からの距離です。

太陽から金星までの距離は約0・72auです。つまり、地球より4200万キロメートルほど太陽に近いということ。この距離が2つの惑星の環境に大きく作用しているのです。

微惑星の衝突・合体で誕生した金星と地球は、初期のころはどちらも惑星全体がドロドロに溶けたマグマオーシャンの状態でした。

どちらの惑星も、このとき水は水蒸気として大気中に存在していました。

しかし、太陽からの距離が近い金星では、あまりの高温のために水蒸気が液体の水になれなかったと考えられるのです。

現在の金星の大気圧は95気圧と、地球の大気の総重量のおよそ100倍もの気体に包まれています。

そしてその96パーセントが温室効果が高い二酸化炭素で、残りも窒素や水蒸気です。

つまり、**金星は強い温室効果ガスに覆われている状態なのです。また、金星の特徴の1つに自転が地球と逆方向だということが挙げられます**。

自転が逆向きなのは、厚い大気との相互作用が原因と考えられていますが、まだ明確な答えは出ていません。

金星の姿と構造

NASA/JPL

核（液体の鉄・ニッケル合金）
地殻
（ケイ酸塩）
マントル
（ケイ酸塩）

金星データ

- ・赤道半径：6052km
- ・質量（地球＝１）：0.815
- ・軌道長半径（地球＝１）：0.723
- ・公転周期：224.7日
- ・自転周期：243日（逆回り）
- ・太陽からの放射量（地球＝１）：1.91

地形

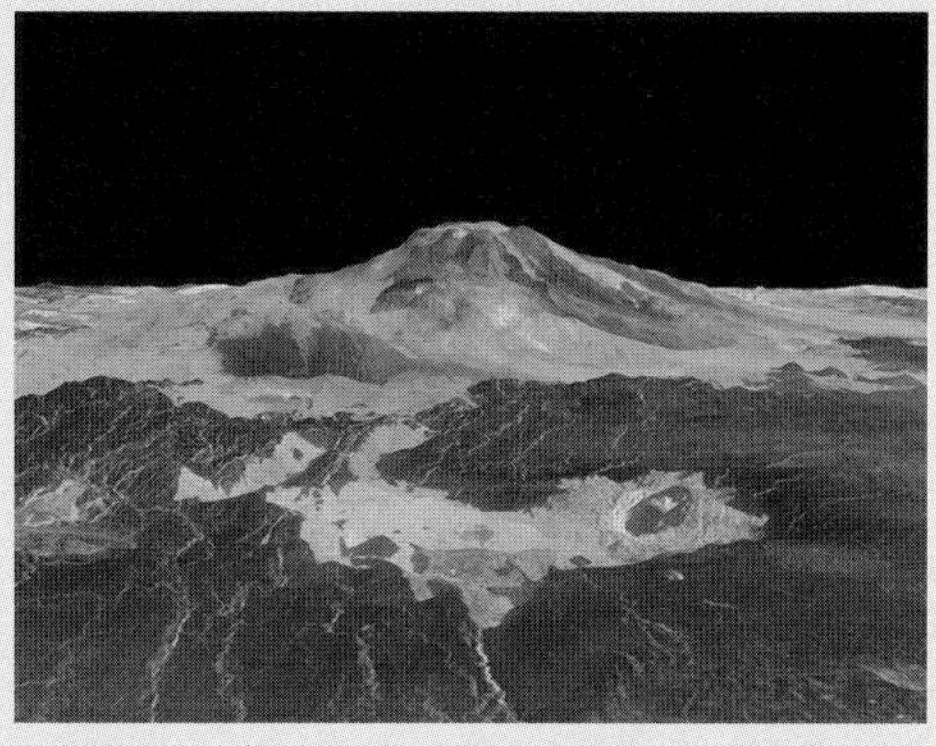
地表の大半は溶岩に覆われている。写真は探査機マゼランが撮影した標高８kmのマアト山。※この画像はわかりやすくするために縦方向を22.5倍にしている。（NASA/JPL）

分厚い雲に覆われる金星の大気

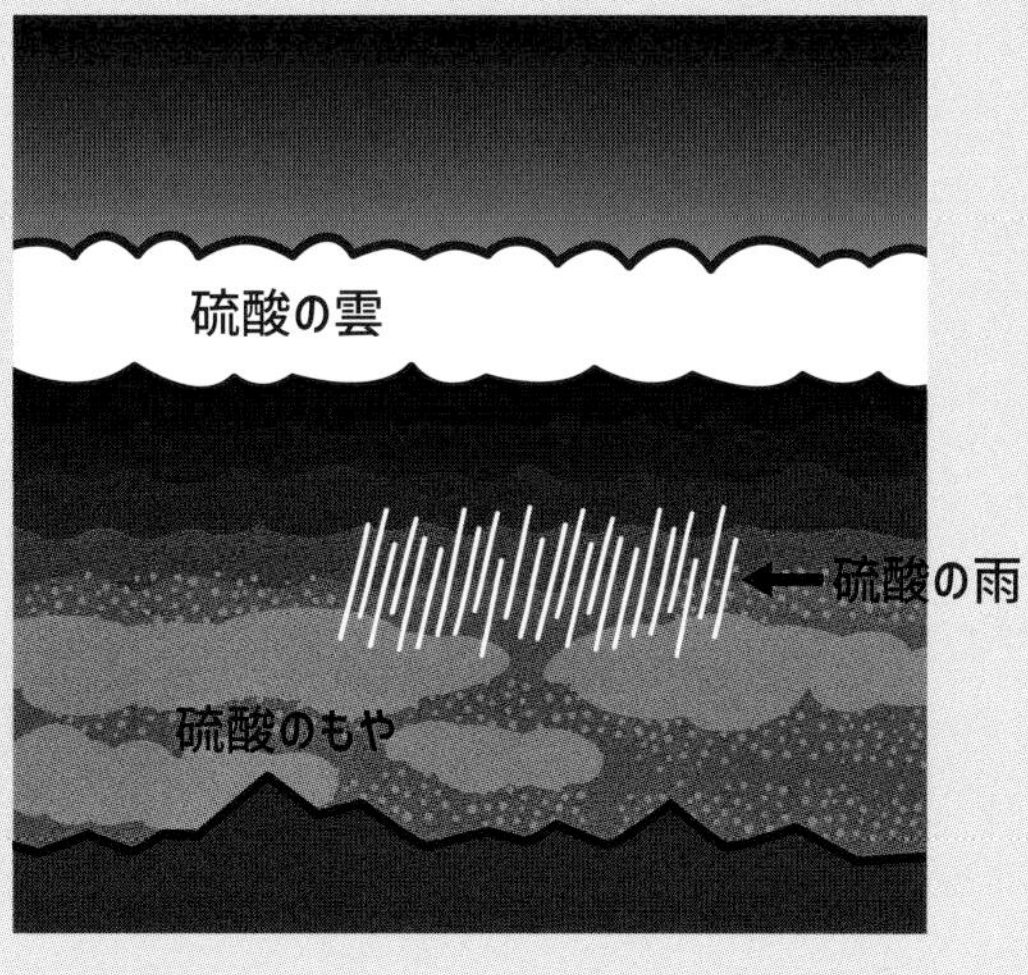
硫酸の雲
硫酸の雨
硫酸のもや

大気中の二酸化炭素や二酸化硫黄などが太陽の光に化学反応を起こして、分厚い硫酸の雲をつくっている。

Q 火星に水があったってホント？

A たくさんの探査機がその証拠を発見

生命が存在する可能性も!?

火星は、地球の質量を1とすると0・1074ほどしかない小さい惑星です。

望遠鏡で見ると真っ赤に燃えているように見えますが、あれは表面の砂に含まれた錆びた鉄の色です。

フォボスとダイモスという2つの衛星を持っていて、どちらも直径数十キロメートルと小さく、球形ではなくいびつな形をしています。

実は、火星と地球は少し似ています。

火星の自転軸は25・2度傾斜していて、地球と同じように四季があります。

自転周期は1日24時間39分と、地球の1日と非常に近く、太陽の周りを回る公転周期も1・88年と似ています。

地表の平均気温はマイナス50度と低いのですが、夏季の赤道付近では20度程度に上昇することもあります。一方、極域ではマイナス130度といった低温になることがあります。

火星の大気は非常に薄く、気圧は地球の0・6パーセントくらいしかありません。大気の成分は、95パーセントが二酸化炭素で、その他窒素やアルゴン、微量の酸素などが含まれています。

火星には多くの探査機が送り込まれました。

その結果、水が流れてできたと考えられる地形や、水の底でできたと考えられる堆積岩のような岩石なども発見され、**火星にはかつて、液体の水が大量に存在していたことがわかってきました**。

実際、極の地下で湖も発見されました。

また、探査機による上空からの観察によって、地下の氷が溶けだし、**水が流れたように見える筋状の模様がいくつか発見されています**。

火星の姿と構造

NASA/JPL/USGS

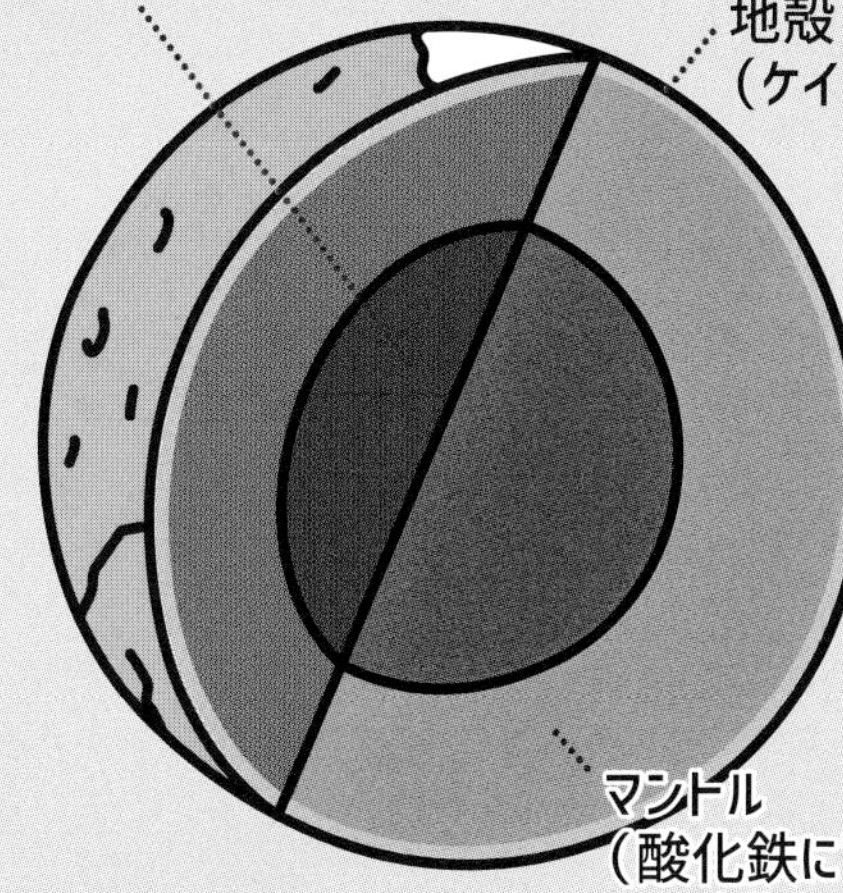
核（鉄・ニッケル合金、酸化鉄）
地殻
（ケイ酸塩）
マントル
（酸化鉄に富んだ
ケイ酸塩）

火星データ

- 赤道半径：3397km
- 質量（地球＝１）：0.107
- 軌道長半径（地球＝１）：1.524
- 公転周期：686.98日
- 自転周期：1.026日
- 太陽からの放射量（地球＝１）：0.43

地形

2004 年１月に火星ローバーが撮影した平原。地表は酸化鉄を多く含む砂塵で覆われているため赤く見える。（NASA/JPL/Cornell ）

地表に刻まれた水の流れた痕跡

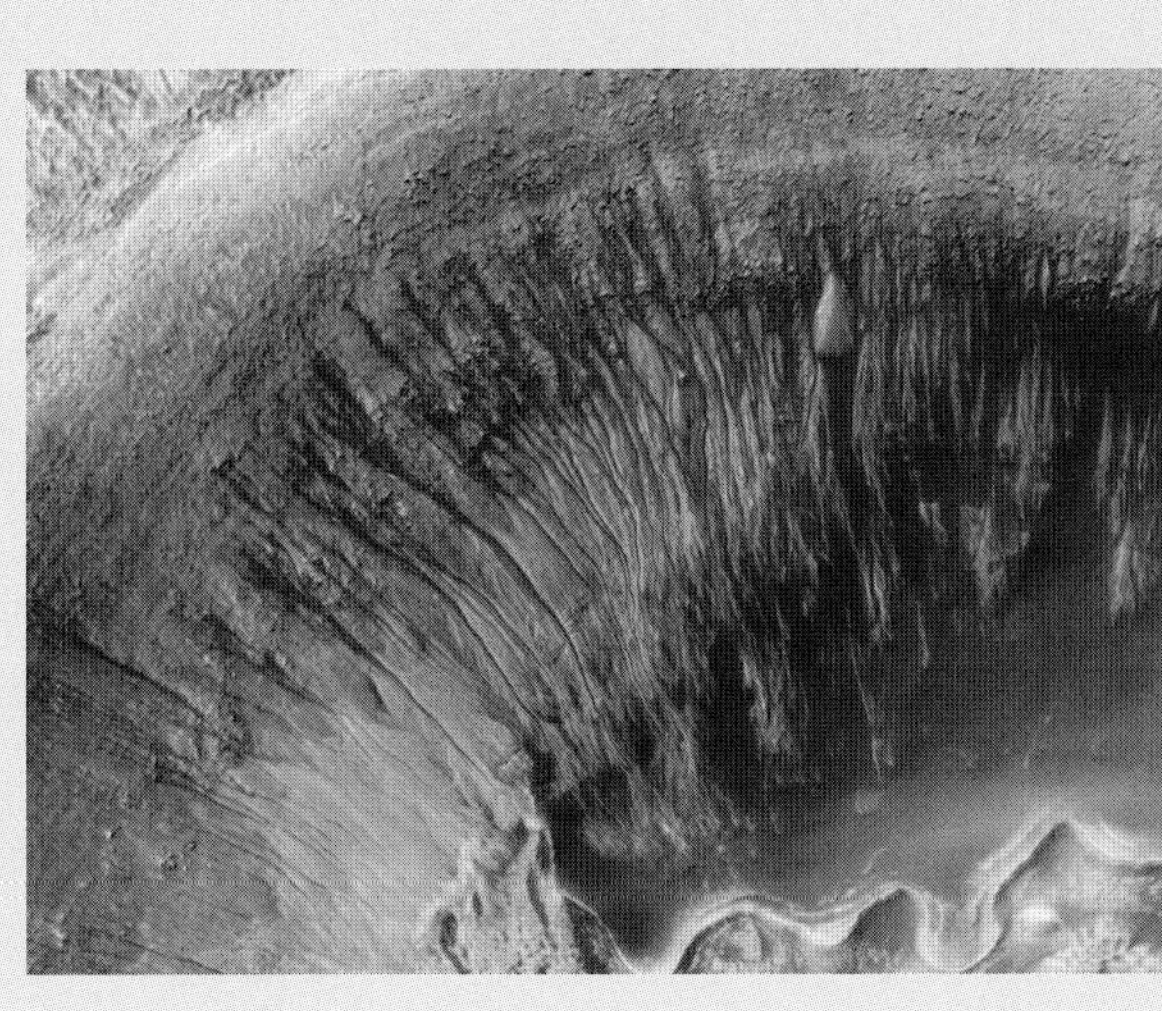

ニュートンクレーターの内側の壁の斜面には幾筋もの縦の線が刻まれている。地下からしみ出してきた水流の浸食によってできたものと考えられる。
（NASA/JPL/MSSS）

Q 木星にある縞模様はなに?

A ジェット気流によってできた縞

黒は下降気流、白は上昇気流

木星は、太陽系最大の惑星です。93パーセントの水素と7パーセントのヘリウムから構成され、質量は地球のおよそ318倍もあります。

岩石と氷の微惑星によって形成されたコアを中心に持ち、そのコアの周囲に大量の水素をまとった構造だと考えられていますが、コアの推定値はモデルによって大きな差があります。

それは、木星内部の大部分を占めると予測されている水素に関して、高温・高圧の状態になった場合の密度の正確な値がわかっていないことが要因です。

そのため、**木星はコアが非常に小さいか、あるいはコアが存在しないかもしれないという可能性もあります**。これにはまだ結論が出ていません。

木星の特徴は、表面の縞《しま》模様です。**あの模様は、緯度帯ごとにジェット気流にそって東西方向が互い違いになっています**。**また、暗く見える縞では主に下降気流が、白く見える縞では上昇気流が発生しています**。

これらの条件によってあの美しい模様ができているのです。

17世紀、ガリレオ・ガリレイによって木星の衛星が4つ発見されました。月以外の衛星が発見されたのははじめてのことだったので、それらの衛星は、「ガリレオ衛星」とも呼ばれています。

現在までに、木星の衛星は少なくとも72個（2020年5月現在）も発見されていますが、ガリレオ衛星と呼ばれるイオ、エウロパ、ガニメデ、カリストは、月と同等かそれを上回る大きさを持っています。

1979年9月に打ち上げられたNASAの無人宇宙探査衛星「ボイジャー1号」によって、木星にもリングが存在することがわかりました。

木星の姿と構造

NASA/JPL/USGS

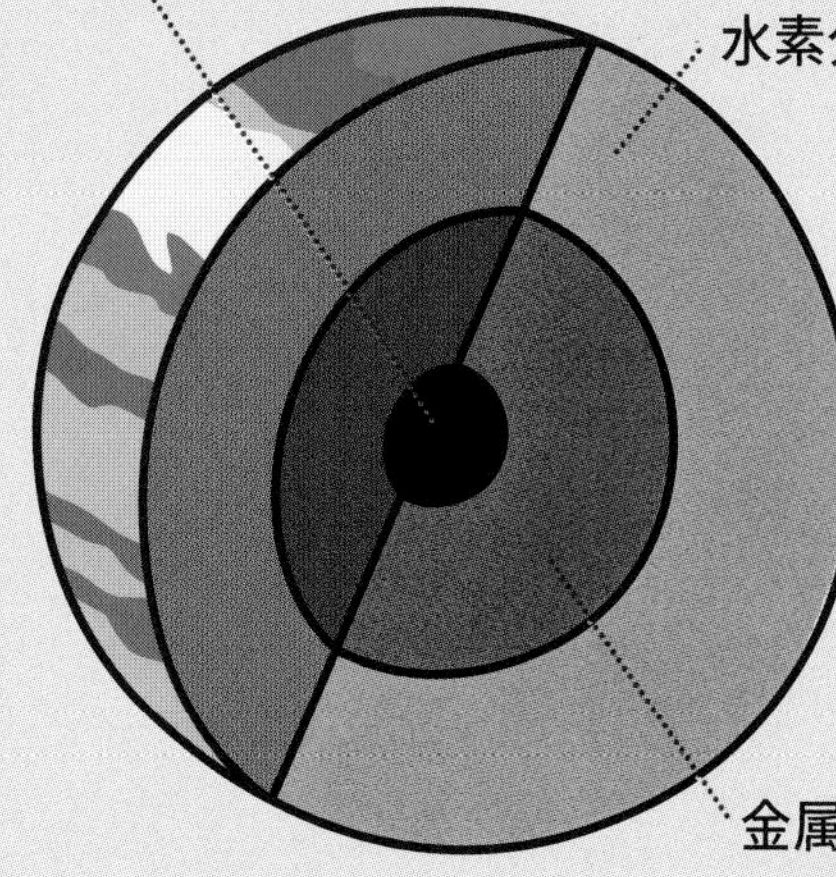

●木星データ

- 赤道半径：7万1492km
- 質量（地球＝１）：317.83
- 軌道長半径（地球＝１）：5.203
- 公転周期：11.86年
- 自転周期：0.414日
- 太陽からの放射量（地球＝１）：0.037

●模様

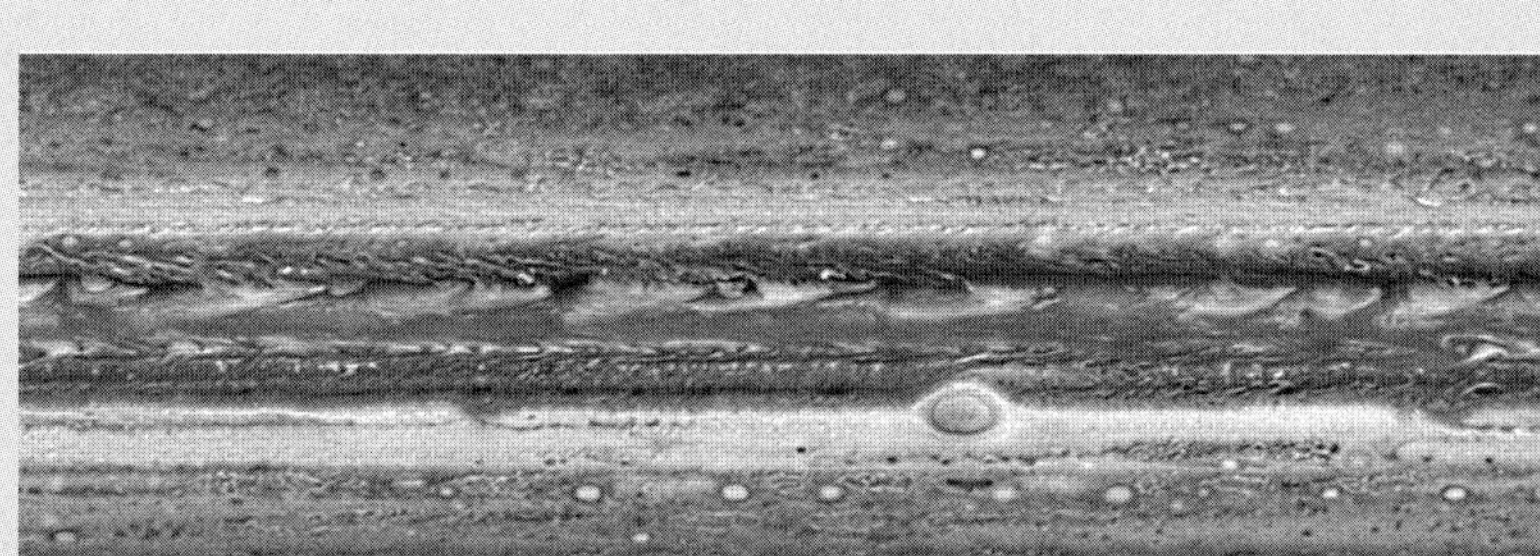

美しい縞模様はアンモニア粒子のつくる雲がジェット気流に乗って流れることによりつくられたもの。
(NASA/Johns Hopkins University Applied Physics Laboratory/Southwest Research Institute)

●ガリレオが発見した４つの衛星

向かって左からイオ、エウロパ、ガニメデ、カリスト。イオを除く３つの衛星には地下に海があり、生命の存在が期待されている。（NASA/JPL/DLR）

Q 土星のリングはなにでできているの？

A 小さな氷の粒が集まって巨大なリングができた

無数の小さな氷のかたまりが分布

太陽系のなかで木星に次いで2番目の大きさを持つ惑星が土星です。

地球の約9倍の直径、約755倍の体積がありますが、質量は約95倍しかありません。平均密度は太陽系のなかでもっとも小さい惑星です。

水素を主成分とする厚い大気に覆われ、中心部には木星と同様、岩石と氷の微惑星によって形成されたコアがあると考えられています。

土星は1日約10時間の周期で自転していて、この高速回転で生じた遠心力によって赤道半径が極半径より10パーセントも大きく膨らんでいます。

土星の最大の特徴は巨大なリングです。

天体望遠鏡で観察すると、リングは非常に美しい板状の円盤のように見えます。

しかし、さまざまな探査機による探査の結果、その実態は膨大な数の小さな氷のかたまりが円盤状に分布していることがわかってきました。

土星のリングは直径30万キロメートルの広がりを持っていますが、厚さは平均10メートルほどと非常に薄いこともわかっています。

では、このリングはどのようにしてできたのでしょうか？

主に、以下の2つの説が考えられています。

1つは、土星が形成された際に、周囲に生じた円盤状のガスやちりを起源としているのではないかという説。

もう1つが、**小天体が土星の衛星にぶつかって粉砕された破片が赤道付近に集まり、形成されたのではないかという説です。**

現在では、後者の説が有力視されていますが、結論には至っていません。

土星の姿と構造

NASA and The Hubble Heritage Team (STScI/AURA)Acknowledgment: R.G. French (Wellesley College), J. Cuzzi (NASA/Ames), L. Dones (SwRI), and J. Lissauer (NASA/Ames)

●土星データ

・赤道半径：６万268km
・質量（地球＝１）：95.16
・軌道長半径（地球＝１）：9.555
・公転周期：29.46年
・自転周期：0.444日
・太陽からの放射量（地球＝１）：0.011

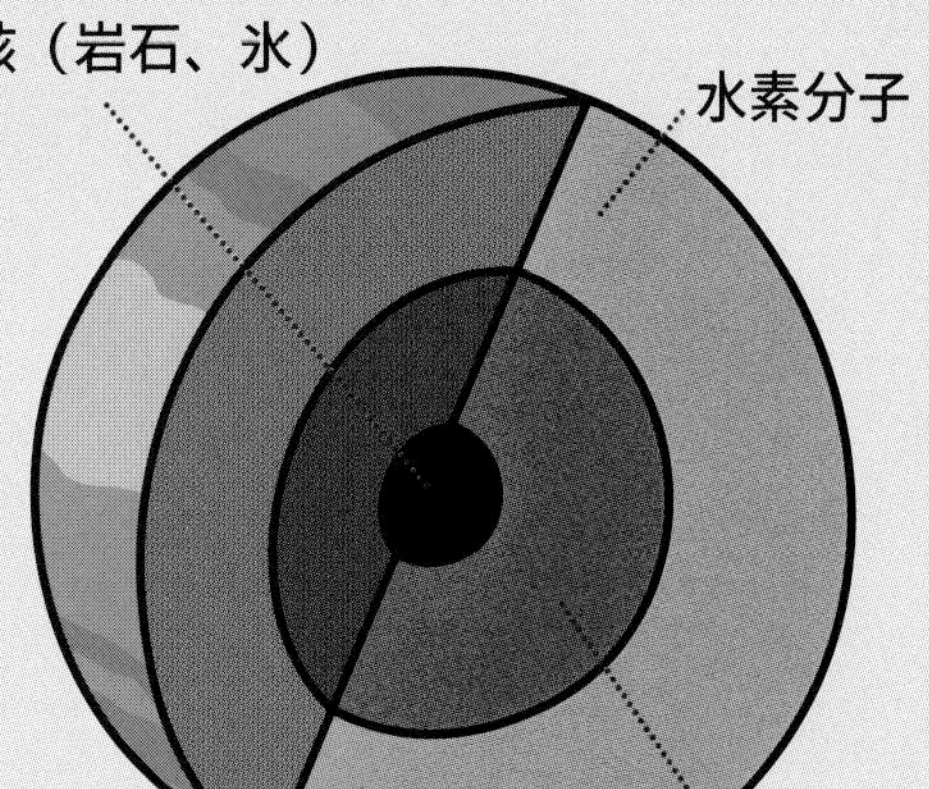

●リング

リングは 1000 以上もの細い環の集まりである。すき間は衛星の重力によってできたもの。
（NASA/JPL-Caltech/SSI）

●土星のリングのイメージ図

1977 年に打ち上げられたボイジャー探査機の調査により、リングは主に小さな氷の粒からなっていることが突き止められた。
（NASA/JPL/University of Colorado）

Q 天王星は横倒しで公転しているってホント？

A 巨大な天体の衝突で自転軸が傾いてしまった

衛星は赤道面を公転している！

天王《てんのう》星は、太陽系で木星、土星に次いで3番目の大きさを持っています。

天王星の氷の主成分は、水、メタン、アンモニアなどですが、大気にも2パーセントほどメタンが含まれているため、それが赤い光を吸収して、天体全体が淡い青緑色に輝いて見えます。

天王星の最大の特徴は、公転面に対して自転軸の角度が約97・8度も傾いているという点です。

つまり、天王星は横倒しの状態で自転し、太陽の周りを公転していることになります。

このような状態になったのは、巨大な天体が衝突して天王星の自転軸を傾けてしまったためだと考えられていますが、それがどのような衝突だったのかは、まだよくわかっていません。

ちなみに、太陽系の他の惑星の自転軸の傾きを見ると、水星はほぼ0度、地球は23・4度、火星は25・2度、土星は26・7度となっています。

天王星の自転軸がいかに傾いているかおわかりいただけたことでしょう。

天王星に接近を果たしたのは、1977年8月に打ち上げられたNASAの無人宇宙探査機「ボイジャー2号」ただ1機です。

その際、撮影された画像は、現在にいたっても天王星に関する貴重なデータとなっています。

また、**天王星の衛星は現在27個が確認されていますが、主な衛星は横倒しになった惑星の赤道面を公転していることがわかっています。**

惑星が後から転倒したのであれば、取り残された衛星は極方向をまわるはずですが、そうはなっていません。

そのため、横倒しになる衝突が複数回あった、という説もあります。

天王星の姿と構造

NASA/JPL-Caltech

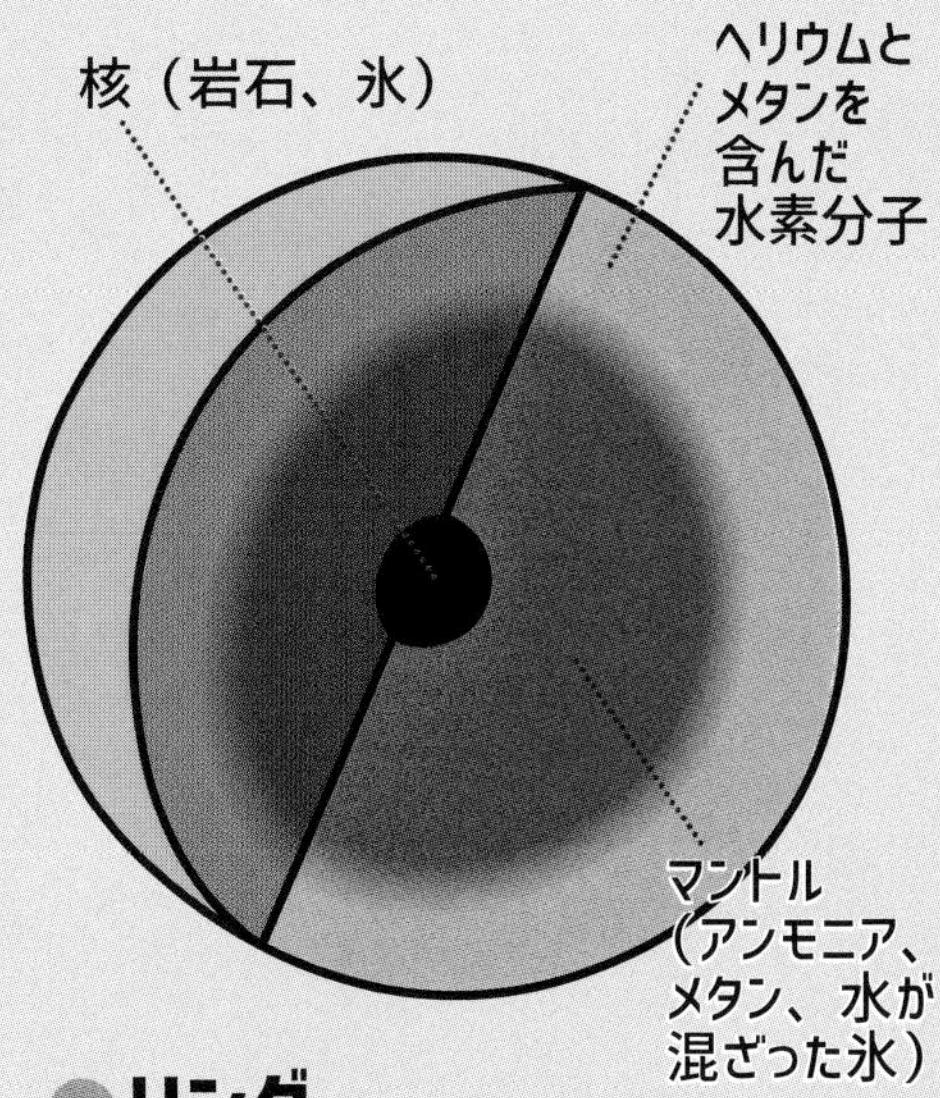
核（岩石、氷）
ヘリウムと
メタンを
含んだ
水素分子
マントル
（アンモニア、
メタン、水が
混ざった氷）

●天王星データ

- 赤道半径：２万5559km
- 質量（地球＝１）：14.54
- 軌道長半径（地球＝１）：19.218
- 公転周期：84.02年
- 自転周期：0.718日
- 太陽からの放射量
  （地球＝１）：0.0027

●リング

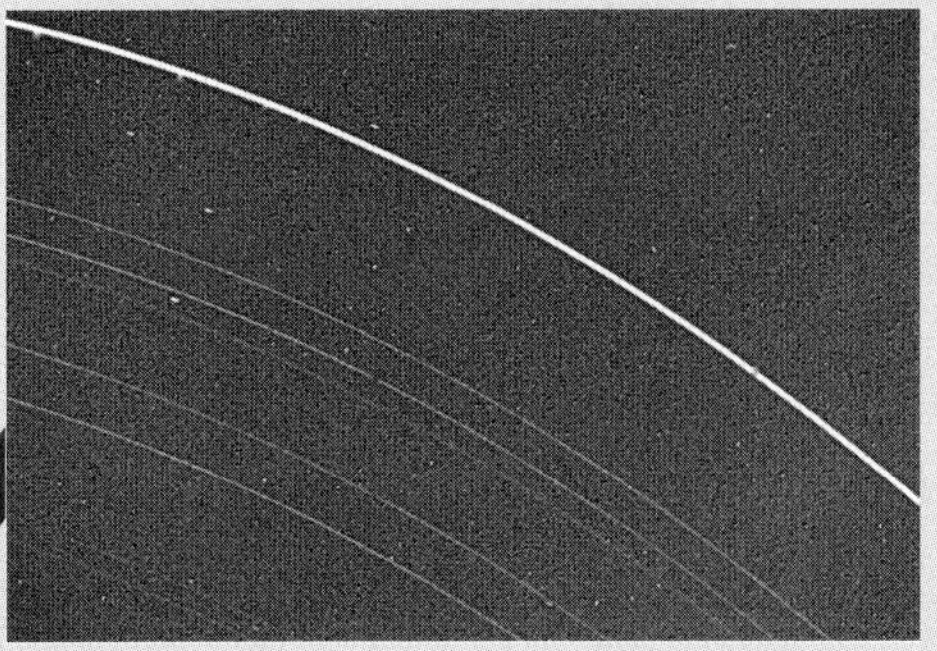

ボイジャーの調査で 11 本のリングが確認されているが、どのような構造なのかはまだよくわかっていない。(NASA/JPL)

●天王星の横倒し現象

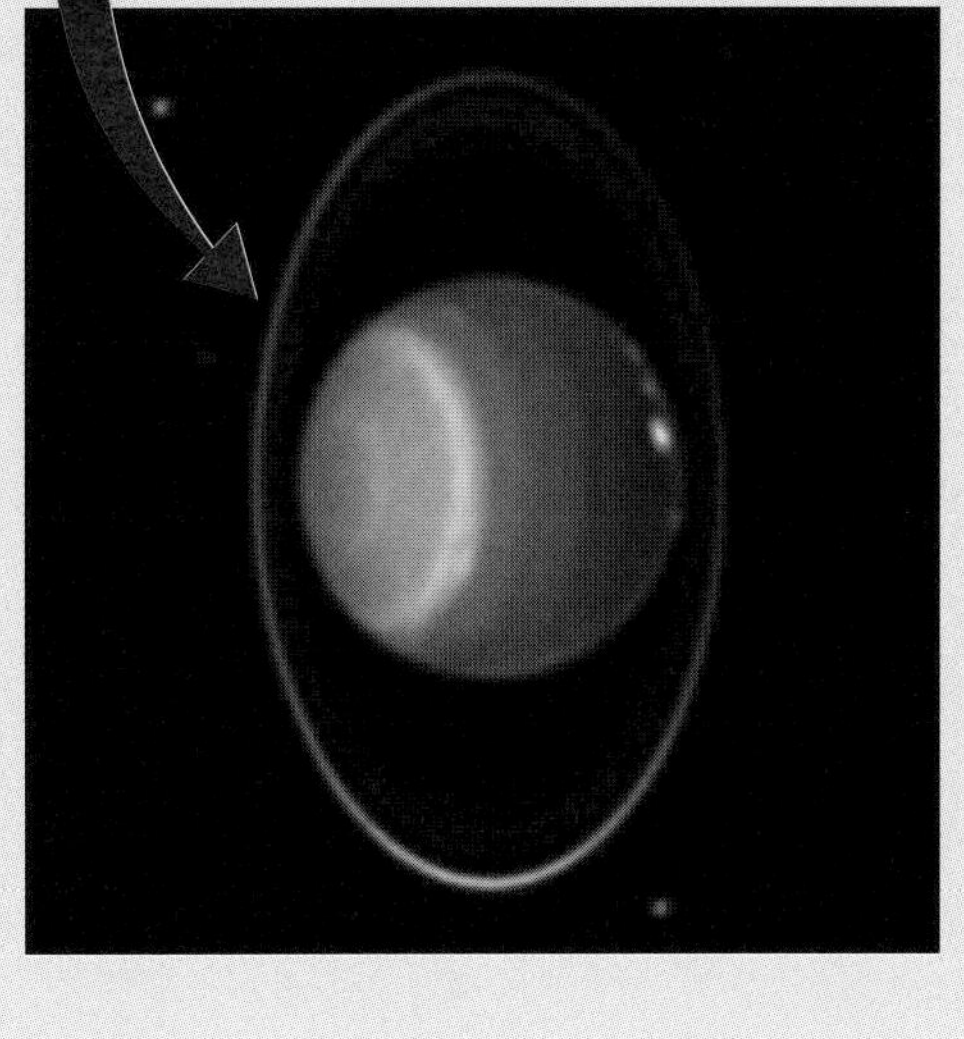

自転軸が公転面とほぼ一致しており、横倒しのようなかたちになって公転している。写真はハッブル宇宙望遠鏡の近赤外線がとらえた画像。
(NASA/JPL/STScl)

Q 海王星はまだよくわかっていないことが多いの？

A ボイジャー2号の活躍で多くの謎が解けた

ボイジャー2号の観測がほぼ全て

太陽系の惑星のなかで、太陽からもっとも遠い位置を公転しているのが海王《かいおう》星です。

海王星は、天王星と同じような構造を持つことから天王星型惑星に分類され、直径は地球の3・88倍になります。

大気は水素80パーセント、ヘリウム19パーセント、メタン1・5パーセントという構成で、メタンによる赤色光の吸収で、海王星も惑星全体が青色を呈しています。

太陽からの光も弱いために、大気の温度はマイナス200度以下です。

海王星に接近したことのある探査機は、ボイジャー2号だけ。そのため、海王星のデータのほとんどが、1989年8月、同探査機が海王星に最接近したときの観測のものです。

たとえば、同機が撮影した海王星の大気には筋状の模様が見られました。

これは、高速の気流によって長く引き伸ばされた雲で、赤道付近での気流は秒速300メートルを超えるとみられています。

また、ボイジャー2号は海王星の衛星のなかで最大のトリトンにも接近し、この衛星に関する詳細なデータを地球に送ってきてくれました。

それによって、**トリトンでは液体窒素やメタンの噴煙を上げる氷火山が活動していることがわかりました**。

トリトンは月と同じくらいの大きさを持つ天体で、最大の特徴は逆行衛星だということです。

逆行衛星というのは、公転方向が惑星の公転と逆方向の衛星のことで、太陽系では木星に少なくとも50個、土星に20個以上、天王星に18個見つかっていますが、飛びぬけて大きいのがトリトンなのです。

海王星の姿と構造

NASA/JPL

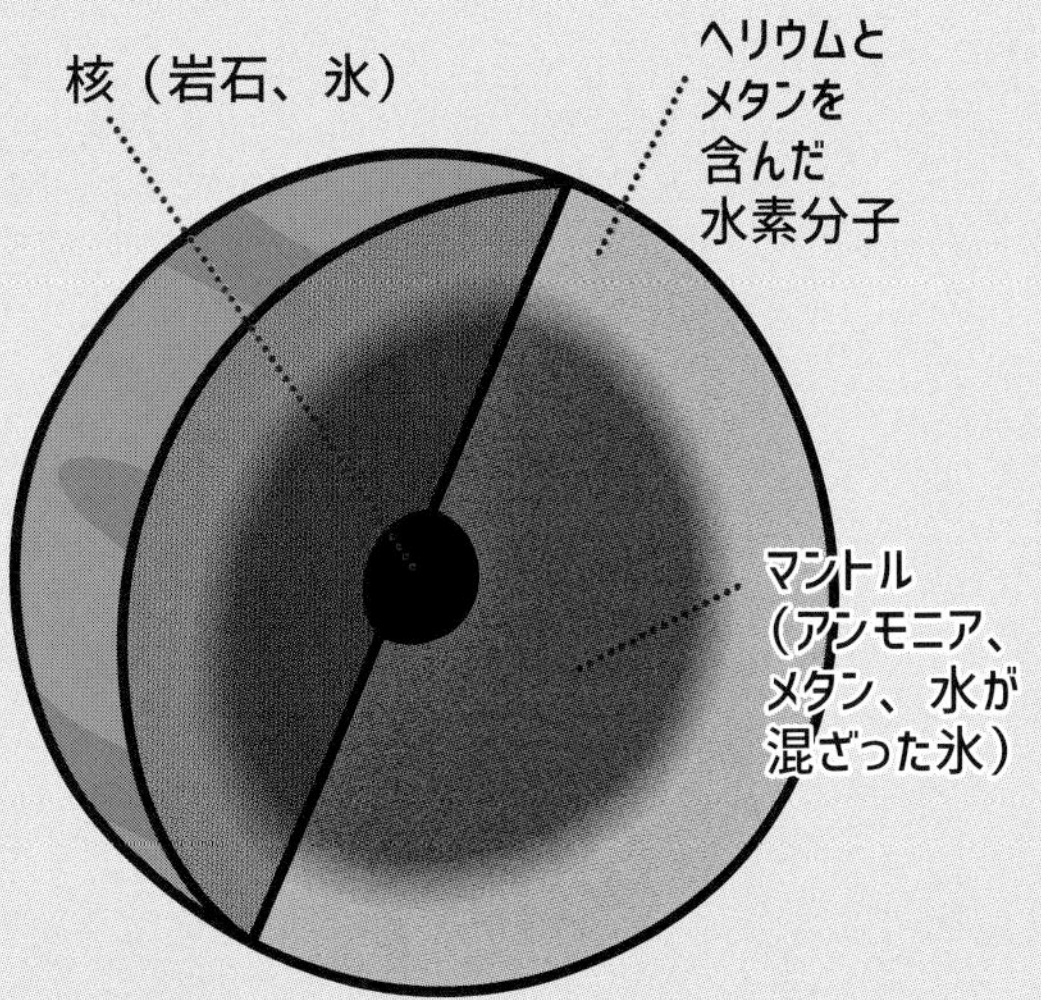
核（岩石、氷）
ヘリウムと
メタンを
含んだ
水素分子
マントル
（アンモニア、
メタン、水が
混ざった氷）

海王星データ

- 赤道半径：２万4764km
- 質量（地球＝１）：17.15
- 軌道長半径（地球＝１）：30.110
- 公転周期：164.77年
- 自転周期：0.671日
- 太陽からの放射量（地球＝１）：0.0011

模様

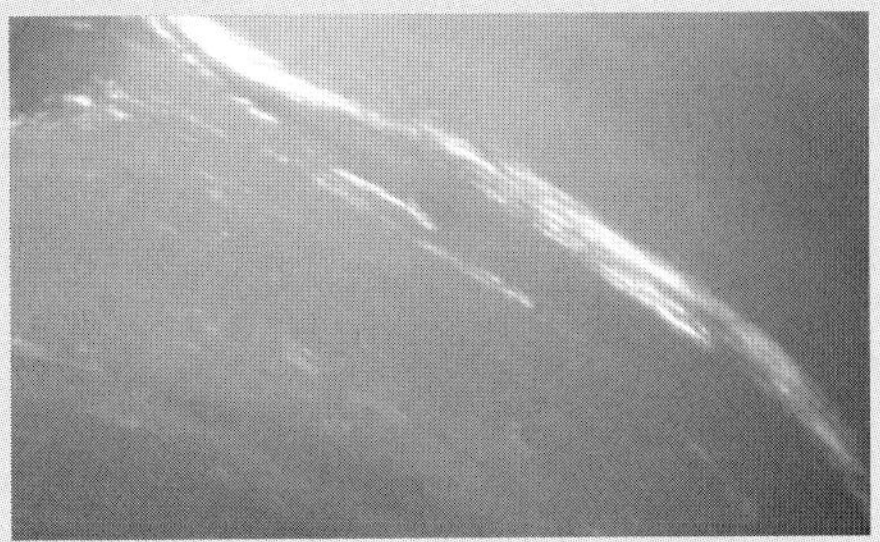

ボイジャー探査機が白い筋状の模様を撮影した。これは、雲が高速の気流によって引き伸ばされてできたものと考えられる。
（NASA/JPL）

Column

冥王星って、どんな天体かわかってきたの？

準惑星に位置づけられた冥王星は、**太陽系内のどの惑星より小さく、直径は地球の直径の18パーセントほど。**軌道もほかの惑星と異なり、大きく歪んだ楕円形で、太陽の周りを公転するのに248年を要します。

2006年１月に、冥王星を含む太陽系外縁天体観測を行なうNASAの無人探査機「ニューホライズンズ」が打ち上げられ、2015年７月に冥王星とその衛星カロンに最接近して、詳細なデータを獲得しました。**カロンは巨大な衛星で、ジャイアントアト・インパクトでつくられた可能性もいわれています。**

ニューホライズンズが撮影した、冥王星（右）とカロン（左）。
（NASA/Johns Hopkins University Applied Physics Laboratory/Southwest Research Institute）

Q 星にも一生があるってホント?

A 星たちにも誕生から死にいたるドラマがある

核融合の材料がなくなれば終了

太陽や夜空に輝く多くの星たちにも、誕生から死にいたるまでのドラマがあります。

そして、星の誕生から成長、死というプロセスは、大まかには共通していると考えられています。

どの星も、銀河のなかのガスとちりが凝縮して生まれたものなので、その成分には本質的な違いはありません。

そして、持っていた核融合の材料を使い果たすと一生を終えるのです。

しかし、これをより詳しく見ていくと、星の質量によって違いがあることがわかります。

・太陽の0・08倍よりも軽い星

「褐色矮星《かっしょくわいせい》」という星で、中心部の温度が十分に上がらないため、核融合が起きないか、起きたとして短時間で終わってしまい、その後は徐々に冷えていきながら余生を送ることになります。

・太陽の0・08倍から8倍程度の質量を持つ星

中心部の温度が高いため、水素が核融合を起こし、中心部の水素を使い果たすまで輝き続けます。

材料を使い果たしてしまうと膨張をはじめて「赤色巨星」になり、最後は「惑星状星雲」となって、星の芯は「白色矮星」として残ります。

太陽の寿命は100億年ほどで、このような一生をたどることになります。

・太陽より10倍重い星

核融合反応は、水素からヘリウム、ヘリウムから酸素・炭素へと続いていき、最終的には鉄がつくられます。

この段階までくると核融合は進まなくなり、膨張をはじめて「赤色超巨星」になります。

そして、自らの重力によって星は崩

質量によって違う星の一生

●質量範囲【太陽質量】

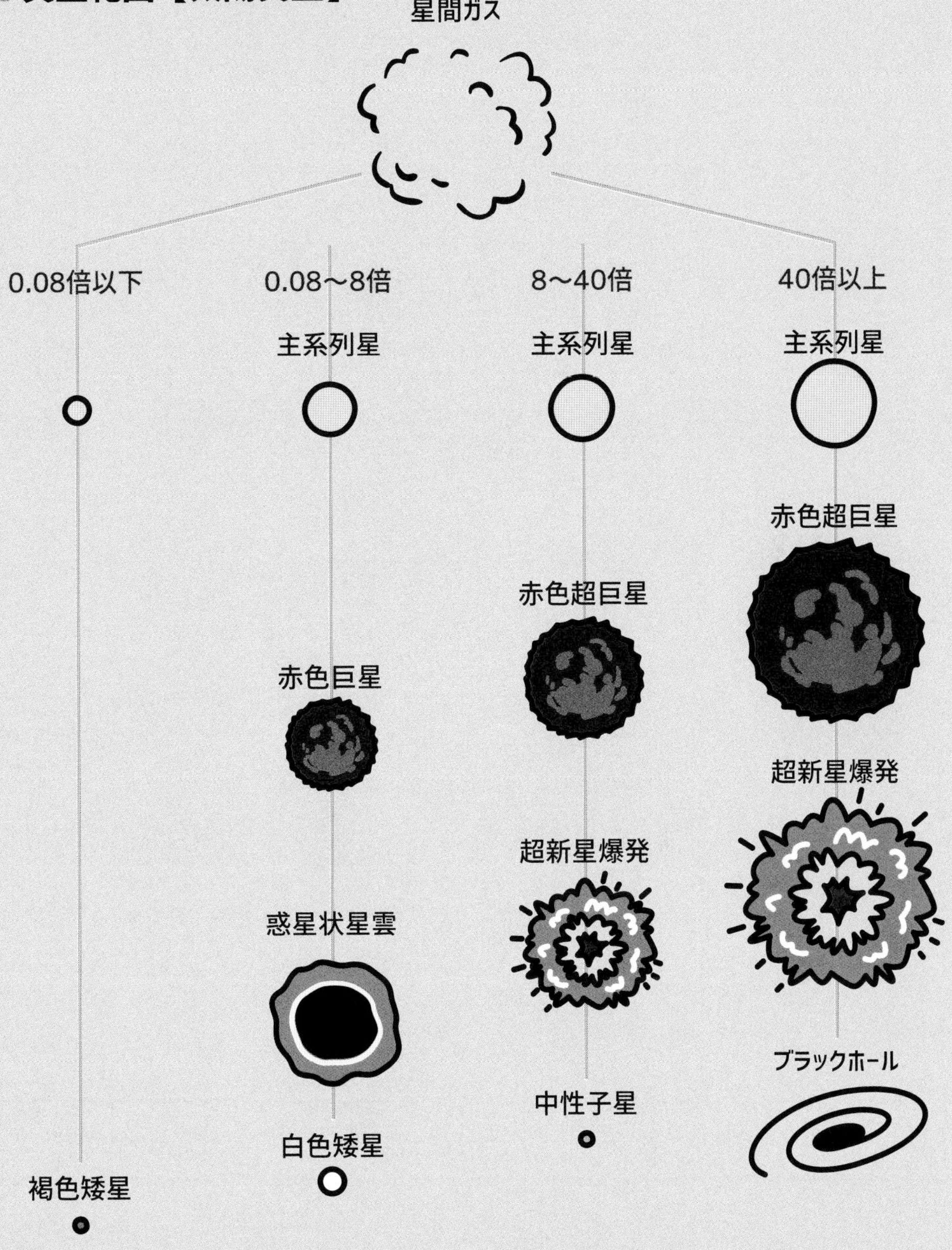
星間ガス
0.08倍以下
0.08〜8倍
8〜40倍
40倍以上
主系列星
主系列星
主系列星
赤色超巨星
赤色超巨星
赤色巨星
超新星爆発
超新星爆発
惑星状星雲
ブラックホール
中性子星
白色矮星
褐色矮星

太陽よりもずっと軽い星は、主系列星になれずに、燃料である水素が減ってしまうと、どんどんつぶれ、暗くて小さな褐色矮星になる。

太陽の0.08〜8倍程度の星は、赤色巨星になった後、外層を宇宙へ拡散させて、惑星状星雲となり、その中心には白色矮星が残る。

太陽の8〜40倍程度の星は、赤色超巨星になった後、超新星爆発を起こし、中性子星となる。

太陽の40倍以上の質量を持つ巨大な星は赤色超巨星となった後、超新星爆発を起こし、ブラックホールになる。

壊して、「超新星爆発」を起こします。

典型的な寿命は数千万年ほどで、爆発の際に、さまざまな元素をつくり出して宇宙空間に放出するとともに、そのあとには「中性子星」、あるいは「ブラックホール」（72ページ参照）という超高密度の天体が残されます。

さて、夜空に輝く星は、すべて同じ色ではありません。青白く光るものもあれば、赤く光るものもあります。

星の色は、星の表面温度に決まってきます。

青い星は温度が高く、赤い星は温度が低いわけです。

20世紀の初頭、星の色・温度と明るさの関係を発見したのが、デンマークのアイナー・ヘルツシュプルングとアメリカのヘンリー・ノリス・ラッセルでした。

これをもとに、縦軸に太陽を基準とした明るさ（絶対等級）、横軸に恒星の表面温度をとって、恒星の分布を表したのがHR（ヘルツシュプルング・ラッセル）図です。

HR図上では、恒星は3つのグループに分けられることがわかります。

1つは主系列星と呼ばれるもので、恒星の約90パーセントが含まれます。太陽もここに入ります。

HR図の右下から真ん中を突っ切るように左上に分布しています。

2つめが、HR図の右上あたりに分類される温度が低い巨星、超巨星のグループ。赤色巨星はここに属します。

3つめが、HR図の左下に分布する、温度が高くて小さな白色矮星のグループです。

HR図によって、はじめて発見された恒星であっても、明るさと温度がわかれば、どの種類の星なのかがわかることになります。

この図の完成によって、その後の恒星天文学の基礎が整えられたといってもいいでしょう。

Column

地球温暖化は太陽のせい？

誕生から46億年を経た現在、**太陽の明るさは誕生当時に比べて30パーセント増しになり、エネルギーも増加しています。**太陽エネルギーの増減が、地球の平均気温に影響を与える可能性は十分にあります。

しかし、地球の温暖化の原因はそれだけではありません。**実は二酸化炭素をはじめとする温室効果ガスが大気中に増加することのほうが、気温の上昇に大きく影響しています。**

温室効果ガスが増え、地球を取り巻くガスの層が増えることで、太陽の熱を吸収しやすくなり、気温が高くなるのです。

HR図

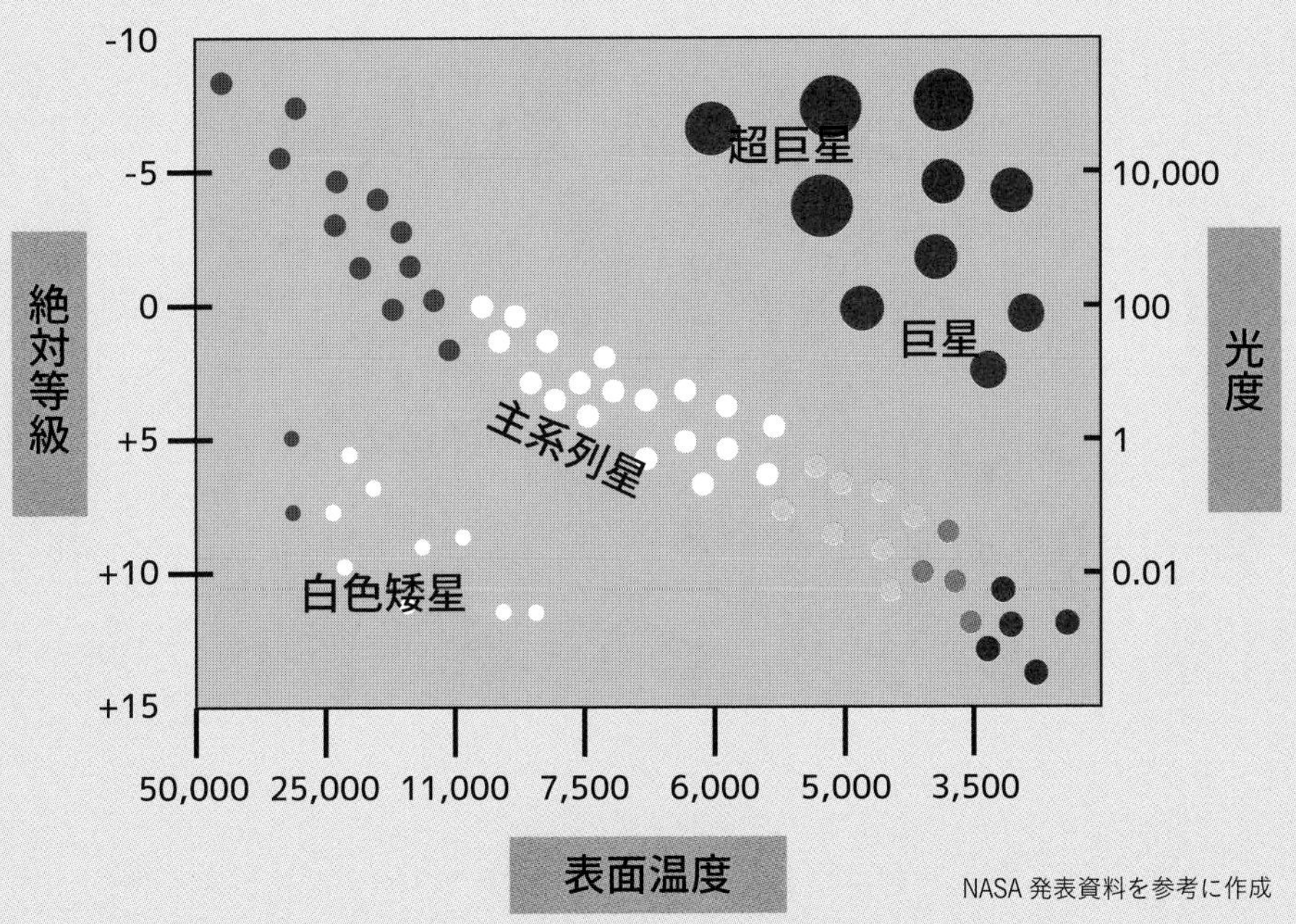

NASA 発表資料を参考に作成

恒星の色と温度の分類図

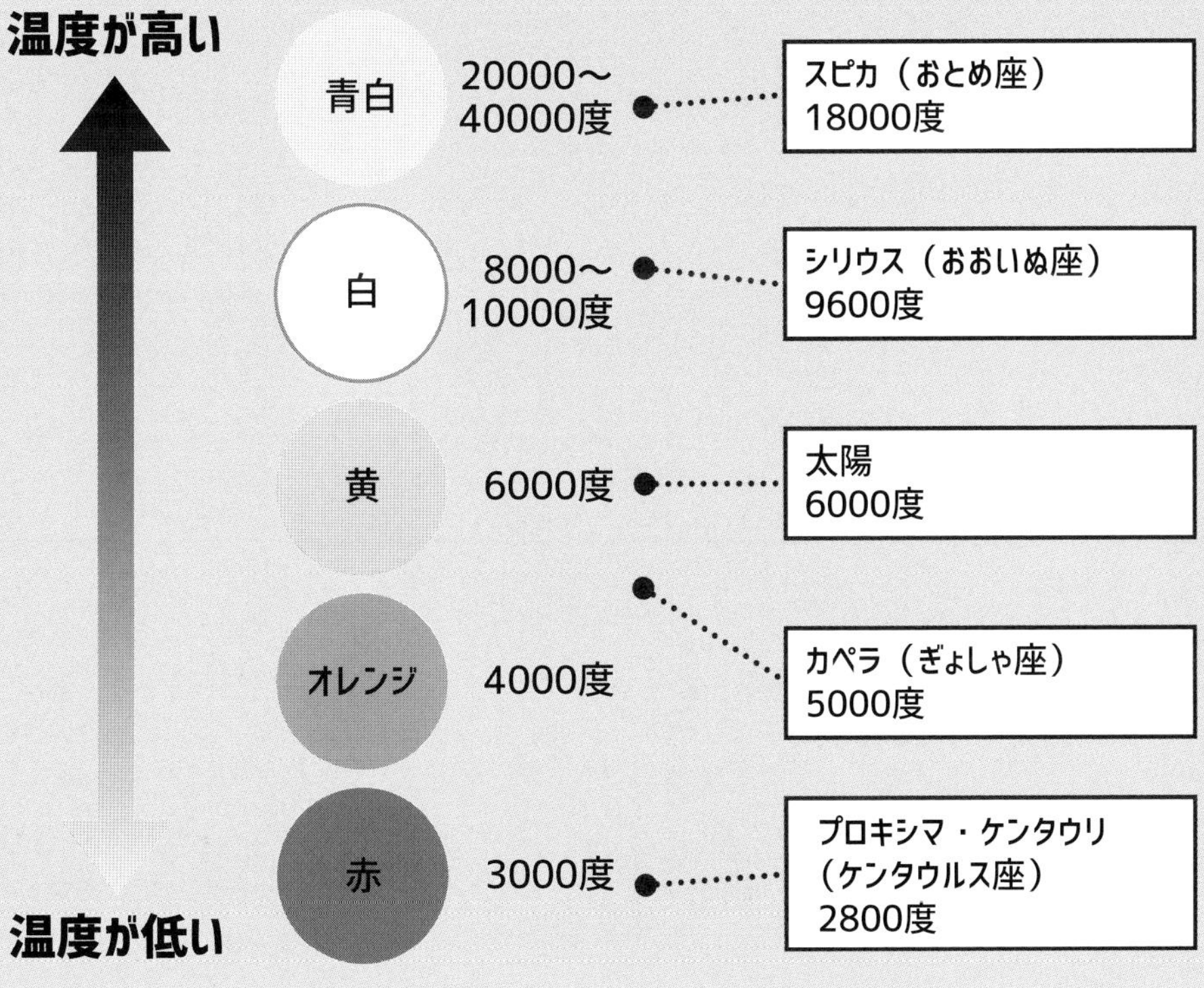

Q ブラックホールってどうしてできるの？

A 超新星爆発後自分の重力でどんどん収縮してできる

収縮によって無限大の密度に

ブラックホールは、太陽の30倍以上という、とても大きな質量を持つ星の最期の姿です。

超新星爆発のあとに残った星の芯のようなもので、自分自身の重力によってどんどん収縮していって、大きさが無限小の「点」になってしまったもの。逆に密度は無限大になっています。

そこでは、すべての物理法則が成り立たず、光も外に逃げ出すことができません。

では、光を発しないこの天体をどのようにして見つけるのでしょうか？

そのカギがX線です。

太陽は1つの恒星が単独に存在していますが、宇宙には連星がたくさんあります。

連星とは、2つの星が互いの周りを回っている星で、このうちの1つがブラックホールになると、もう一方の星のガスを吸い寄せていきます。

そしてガスがブラックホールに落ち込んでいくときに、ものすごい高温になり、X線を放射するのです。

つまり、このX線を観測すれば、そこにブラックホールが存在することの「状況証拠」となるわけです。

ブラックホールは、アインシュタインが相対性理論によって予言した天体です。

当初、それはあくまで理論上のもので、実在するとは思われていませんでした。

ところが、X線を使った観測によって1970年、「はくちょう座X-1」というブラックホールが発見されたのです。

これを契機に、ブラックホールとみられる天体がたくさん発見され、その存在は確実なものになっています。

2019年　史上初！ブラックホールの影の撮影に成功!!

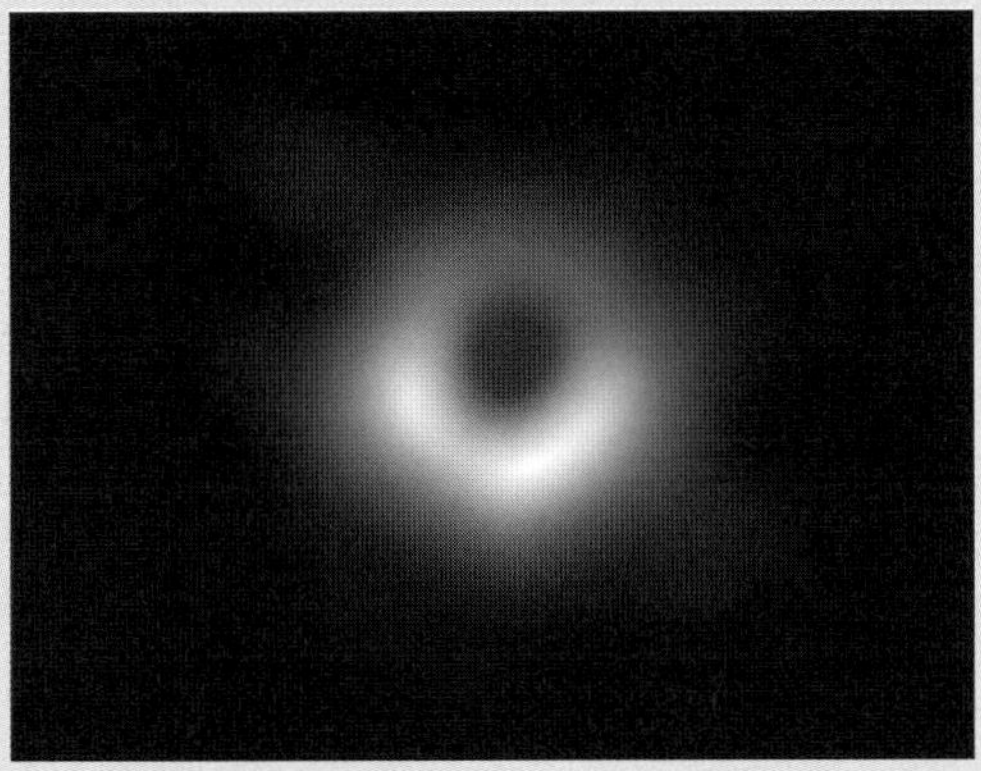

EHT で撮影した M87 中心
ブラックホールの影の画像　EHT Collaboration

楕円銀河 M87 の可視光写真　ESO

2019年4月10日、ブラックホールの撮影を目的として結成された国際協力プロジェクトの研究チームは、巨大ブラックホールの影を撮影し、その存在を直接証明することに成功したことを発表した。ターゲットとなったのは、5500万光年かなたにある楕円銀河 M87の中心にある巨大ブラックホールで、上の画像の白いリングのなかの黒い部分がブラックホールの影。白いリングはブラックホールの周りにある熱いガスから地球にやってきた光。

各地の電波望遠鏡をつなぎ、地球サイズの仮想望遠鏡を構成

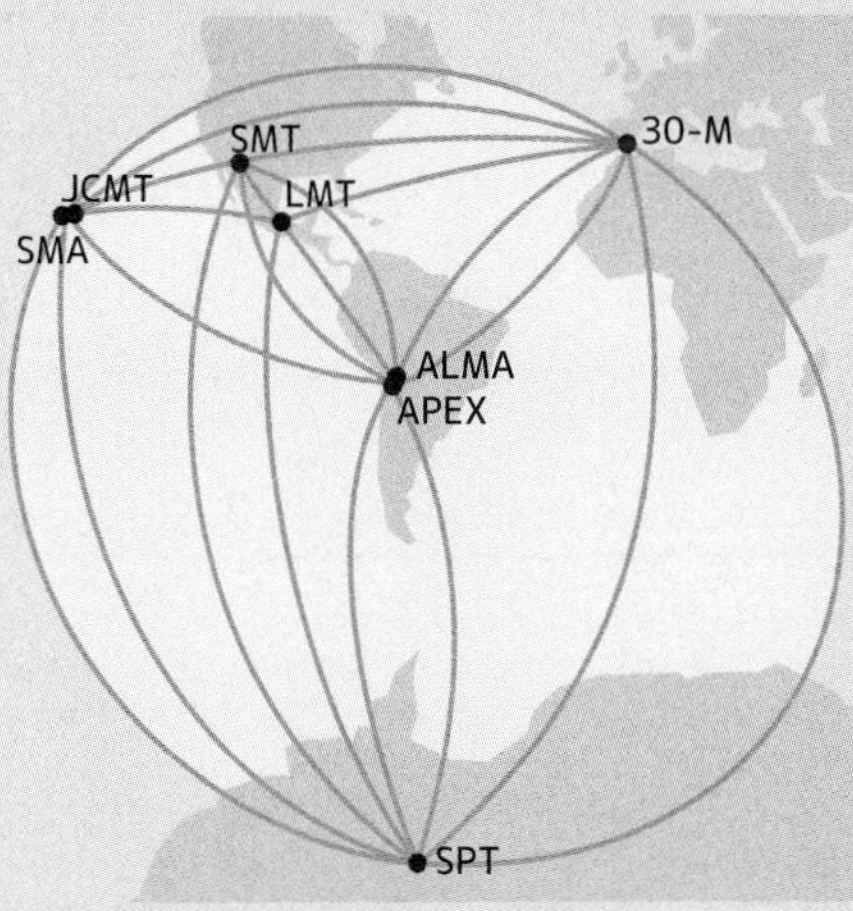
SMT
30-M
JCMT
LMT
SMA
ALMA
APEX
SPT

ALMA
アルマ望遠鏡
チリ・アタカマ砂漠
LMT
大型ミリ波望遠鏡
メキシコ・シエラネグラ
APEX
APEX
チリ・アタカマ砂漠
SMA
サブミリ波干渉計
ハワイ・マウナケア
30-M
IRAM 30m望遠鏡
スペイン・ピコベレタ
SMT
サブミリ波望遠鏡
アリゾナ・グラハム山
JCMT
ジェームズ・クラーク・マクスウェル望遠鏡
ハワイ・マウナケア
SPT
南極点望遠鏡
南極点基地

2017年観測時のEHT望遠鏡配置図　NRAO/AUI/NSF

この撮影を成功させたのが「イベント・ホライズン・テレスコープ」(EHT) というプロジェクトだ。世界中の200人を超える天文学者が協力し、世界8カ所にある電波望遠鏡をつなぎ、地球サイズの望遠鏡を作りだした。そして 2017年4月に行なった観測で、ブラックホールの影の姿をとらえることに成功した。

Q 銀河は恒星が寄り集まってできているの？

A 天の川銀河だけでも2000億個以上の恒星がある

銀河が集まったのが超銀河団

私たちが住む地球は、太陽の周りを回っている惑星です。

この地球を含む8個の惑星、惑星の周りを回っている月をはじめとする衛星、さらに無数の小さな天体から構成されているのが、太陽系です。

そして、太陽のような恒星が約2000億以上個集まってできているのが、天の川銀河です。

銀河というのは、数十億から数千億という数の恒星が、互いの重力によって寄り集まってできたものです。

その大きさは数千光年から10万光年以上までもあり、形もきれいに渦を巻いたものから、渦のはっきりしないものや不規則なものと、さまざまです。

私たちは太陽系の惑星は、静止した太陽の周りを回っているとイメージしがちです。

しかし実際に、太陽自体も高速で移動していて、結果的には、太陽系全体が高速で移動していることになります。

そのスピードは秒速約240キロメートル！

太陽系はこのスピードで天の川銀河のなかを移動し、約2億2000万年から2億5000万年かけて1周しているのです。

また、銀河同士も重力によって寄り集まり、グループをつくっています。

数十個程度までの銀河の集まりを「銀河群」いい、天の川銀河も「局部銀河群」に属します。

局部銀河群は、アンドロメダ銀河、天の川銀河、さんかく座銀河の3つを主要な銀河として、全部で50個近くの銀河で構成されています。

さらに、100個から1000個の銀河が、1000万年光年ほどの空間に密集したものが「銀河団」です。

銀河のグループ構造

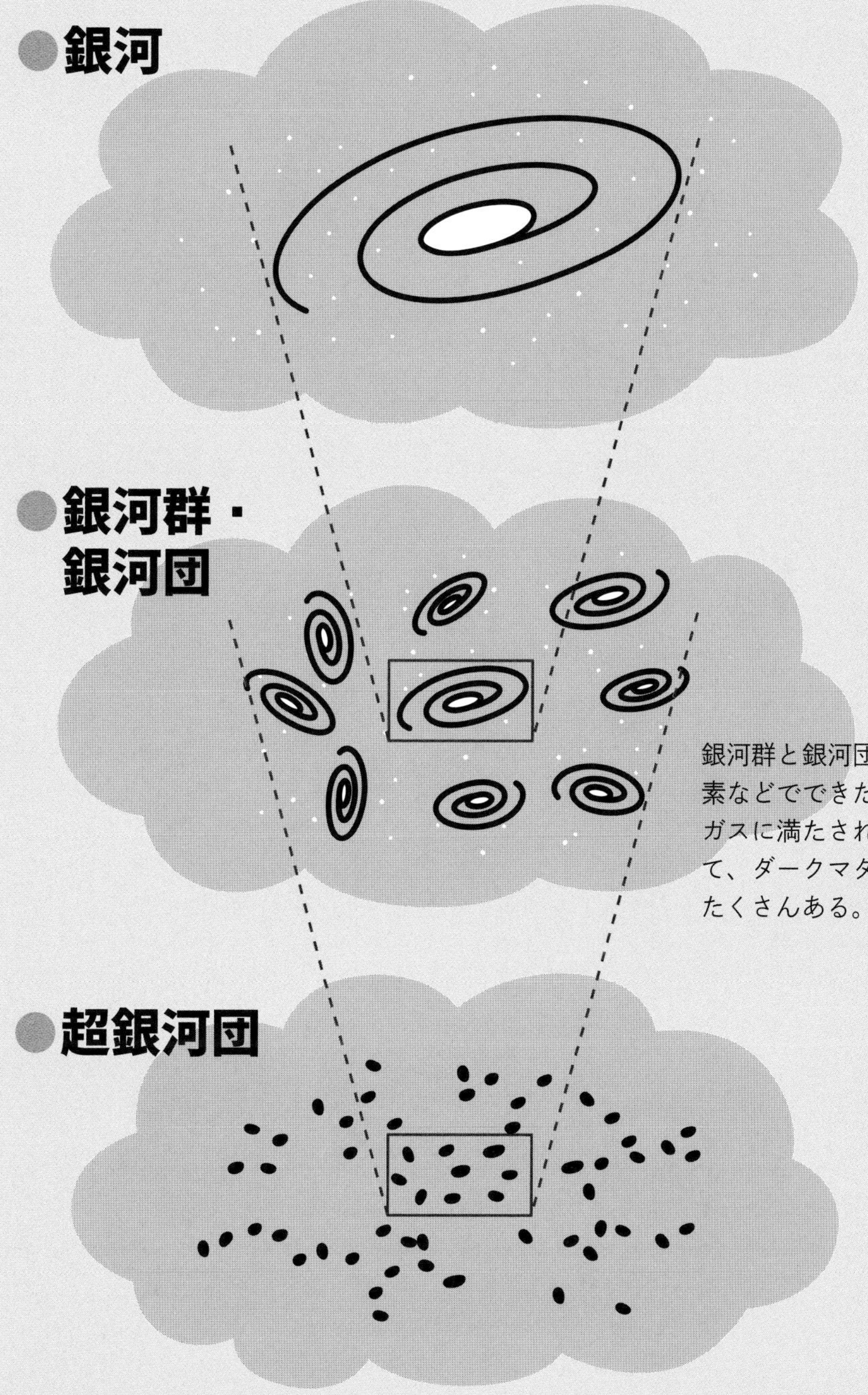
●銀河
●銀河群・銀河団
銀河群と銀河団は水素などでできた熱いガスに満たされていて、ダークマターもたくさんある。
●超銀河団

銀河群や銀河団が１億光年以上の大きさに連なったのが「超銀河団」で、10個以上見つかっている。私たちの天の川銀河をふくむ局部銀河群は、おとめ座超銀河団の一員。そして中心にあるおとめ座超銀河団の重力で引きつけられ、毎秒300キロメートルの速さで動いている。

Q 天の川銀河の近くにはどんな銀河があるの？

A 地球から肉眼で3つの銀河が見える

50個近くの銀河が存在する

いまから40億年後、天の川銀河とアンドロメダ銀河が衝突して合体するという話は、前頁でしました（30ページ参照）。

では、このアンドロメダ銀河というのは、どんな天体なのでしょうか？

アンドロメダ銀河は天の川銀河とともに局部銀河群を構成していて、天の川銀河のいわば「ご近所さん」といった存在です。

局部銀河群のなかで最大の渦巻銀河で、約1兆個の恒星によって構成され、円盤部分の直径は約20万光年となっています。

秋には、北半球では肉眼でも観察できます。

中心部には、天の川銀河の中心核にあるものより重く巨大なブラックホールがあることがわかっています。

また、X線観測によって、中心領域にはほかにも数多くのブラックホールが見つかっています。

地球上から肉眼で観察できる銀河があと2つあります。南半球で見ることのできる、大マゼラン銀河と小マゼラン銀河です。

16世紀、南の空の天の川のそばに雲のように見える天体があることを、航海者マゼランが記録していたことから、こう呼ばれるようになりました。

大マゼラン銀河は16万光年の距離にあり、大きさは天の川銀河の10分の1程度です。小マゼラン銀河は20万光年の距離にあり、大マゼラン銀河よりも小さい銀河です。

また、１９７０年には、２つの銀河を結んで細長く伸びる「マゼラニック・ストリーム」が発見されました。

これは、中性水素ガスの流れだといわれています。

アンドロメダ銀河

NASA/JPL/California Institute of Technology

アンドロメダ銀河は、私たちの局部銀河群の中でもっとも巨大。

マゼラン雲

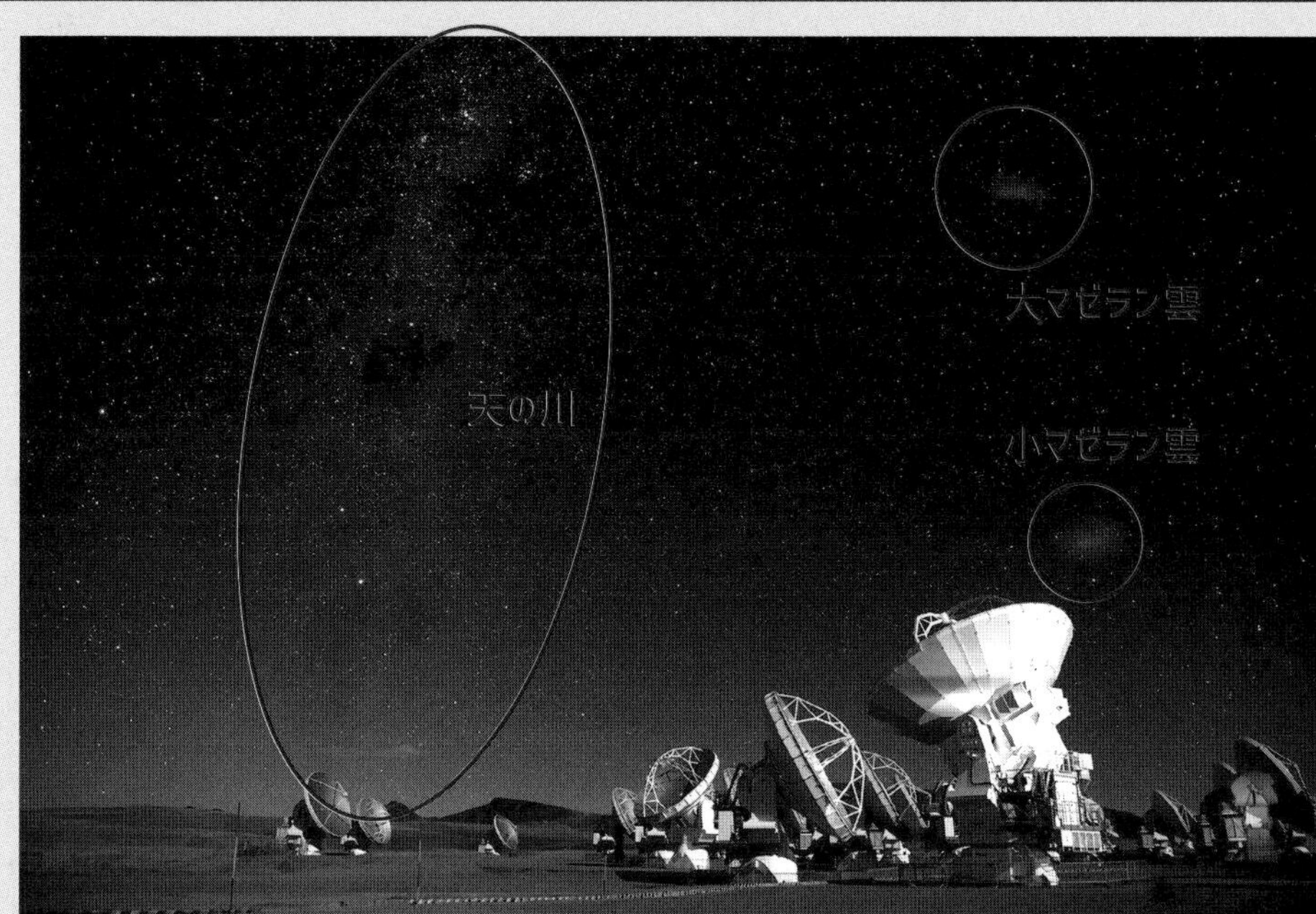

国立天文台

アルマ望遠鏡山頂施設（標高5000メートル）で観測を続けるアンテナたちと、南天を代表する星たちを一緒にとらえた写真。写真右側に見える、ぼんやりとした雲のような天体が天の川銀河のお隣の小さな銀河、大マゼラン雲（上）と小マゼラン雲（下）。

Q 宇宙はどんな構造になっているの？

A 宇宙は泡のような構造になっている

銀河の存在しない超空洞もある

銀河は数十個集まって銀河群を形成し、また100個から1000個集まって銀河団を形成しています。

そして、この銀河団が集まって形成しているのが超銀河団という大集団で、これも全宇宙のなかでは集団の一部となっていると考えられます。

では、宇宙全体の構造はどのようになっているのでしょうか？

1980年代。数億光年のかなたには、約2億光年にわたって銀河がまったく観測されない空っぽの空洞が存在することが発見され、その後同じような空洞がいくつか発見されていきました。

こうした銀河の存在しない巨大空間を「超空洞」、あるいは英語で「ボイド」と呼んでいます。

この発見によって、宇宙では銀河はまんべんなく散らばっていないことが明らかになってきました。

宇宙は、銀河が長い糸状につながった骨組のような「銀河フィラメント」と超空洞が入り組んだ大規模構造だということがわかってきたのです。

これはあたかも、石鹸を泡立てたときにできる、幾重にも重なった泡のような構造に似ています。そして銀河は、泡の表面に集中するように存在しているのです。

これが、「宇宙の大規模構造」、もしくは「宇宙の泡構造」と呼ばれるものです。

このような構造をつくったのもダークマターだと考えられています。

ビッグバン直後の宇宙は、熱いガスとダークマターが広がっていました。このときに最初にダークマターのかたまりができ、それが大規模構造の基礎になったと考えられるのです。

宇宙の泡構造

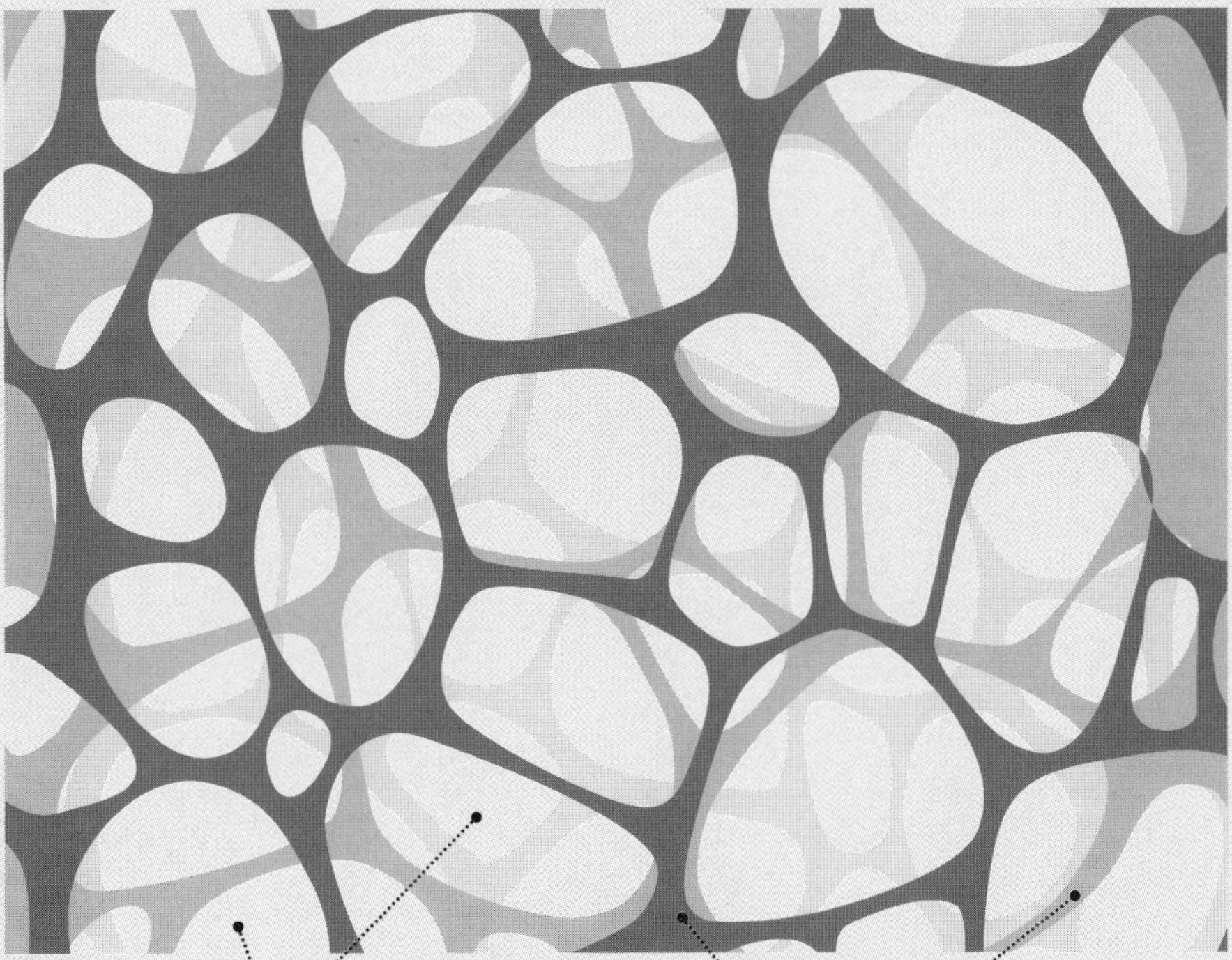
ボイド（超空洞）
銀河が存在
グレートウォールもこのような領域の１つ。

宇宙には銀河が存在しない超空洞（ボイド）が点在し、その間に銀河フィラメントと呼ばれる銀河の帯がつながっている。つまり、宇宙は銀河フィラメントと超空洞とが入り混じった、泡のような構造になっているのだ。

Column

宇宙のグレートウォールってなに?

1989年、ハーバード・スミソニアン天文物理学センターのマーガレット・ゲラーとジョン・ハクラらによって、地球から約２億光年離れたところに、巨大な構造が発見されました。

長さ約５億光年、幅約３億光年の膨大な銀河団からなる壁のような構造で、これが「グレートウォール」です。

グレートウォールは、連続して長く糸状に分布するダークマターにそって銀河が分布するため、このような構造になったのではないかと考えられています。

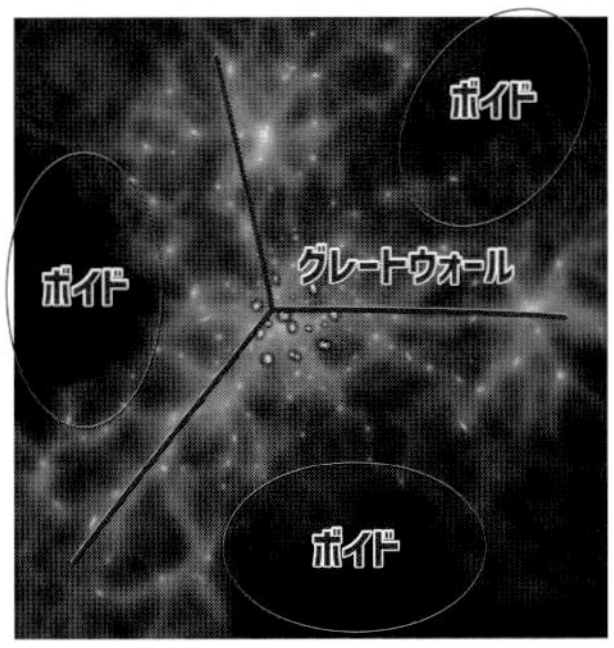
ボイド
ボイド
グレートウォール
ボイド

原始グレートウォールの中心部でモンスター銀河がいくつも誕生していると考えられる（想像図）。
ALMA(ESO/NAOJ/NARAO),NAOJ.H.Umehara

Q 宇宙って一体なにでできているの？

A 普通の物質は全体の4%。96%は正体不明の成分

96%が謎の物質!!

実は、私たちが肉眼や望遠鏡を通して見ている宇宙は、陽子や中性子といった「通常の物質」でできている部分だけなのです。

宇宙には通常の物質のほかに、目に見えない物質や力があると考えられています。

なぜなら宇宙が通常の物質だけで構成されているとしたら、それらの物質の重力だけでは、銀河を高速で回転させ、周りの惑星や微惑星などを引きつけておくことはできないからです。

それを明らかにしたのが、アメリカのヴェラ・ルービンです。

1983年、彼女は恒星の公転速度と、その中心からの距離の関係を調べ、あらゆる銀河において恒星の公転速度が速すぎることから、銀河の質量は見かけよりも大きいと発表しました。

つまり、この宇宙には目に見えない物資が大量に存在し、それが宇宙の基本構造を支えているということなのです。さらに、その量は目に見える物質の5倍以上にもおよぶことがわかりました。

この、質量を持ち、周りに重力をおよぼすけれど目には見えない謎の物質を「ダークマター（暗黒物資）」と呼びます。

現在でも電磁波による望遠鏡で直接見ることはできませんが、背景の天体にゆがみを引き起こす重力的な作用から、そこになんらかの巨大な質量があることは間接的にわかっています。

そして2018年、国立天文台の研究者たちが、広い範囲のダークマターの可視化に成功しました。

それによって、ダークマターが網の目のように銀河をつないでいる様子が確認できたのです。

宇宙の構成要素

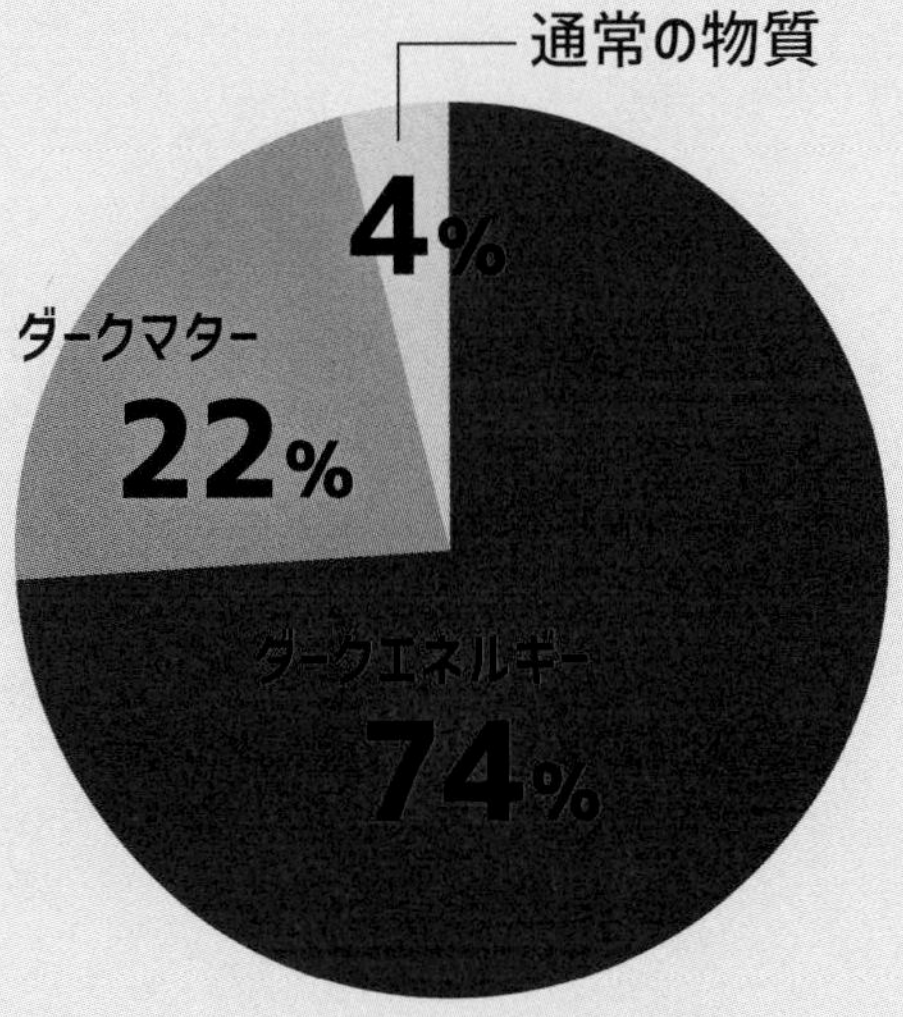

宇宙を構成する要素は、素粒子などの通常の物質以外にダークマターとダークエネルギー（76～77ページを参照）があると考えられている。私たちが見ているものは、宇宙のほんの一部にすぎないことがよくわかる。

ダークマターのはたらき

●銀河のなかでは

ダークマターが高速で回転する星やガスを引っ張って、速度を調節し、銀河から飛び出さないようにしている。

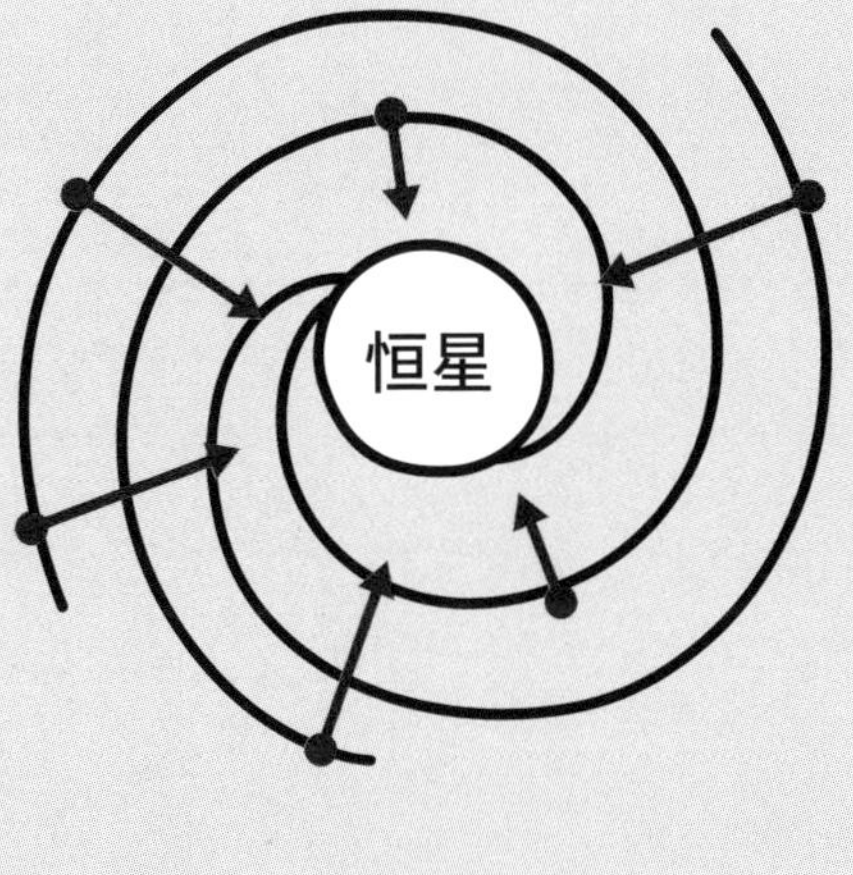

●銀河団のなかでは

ダークマターが重力で動きまわる銀河を引っ張って、飛び出さないようにしている。

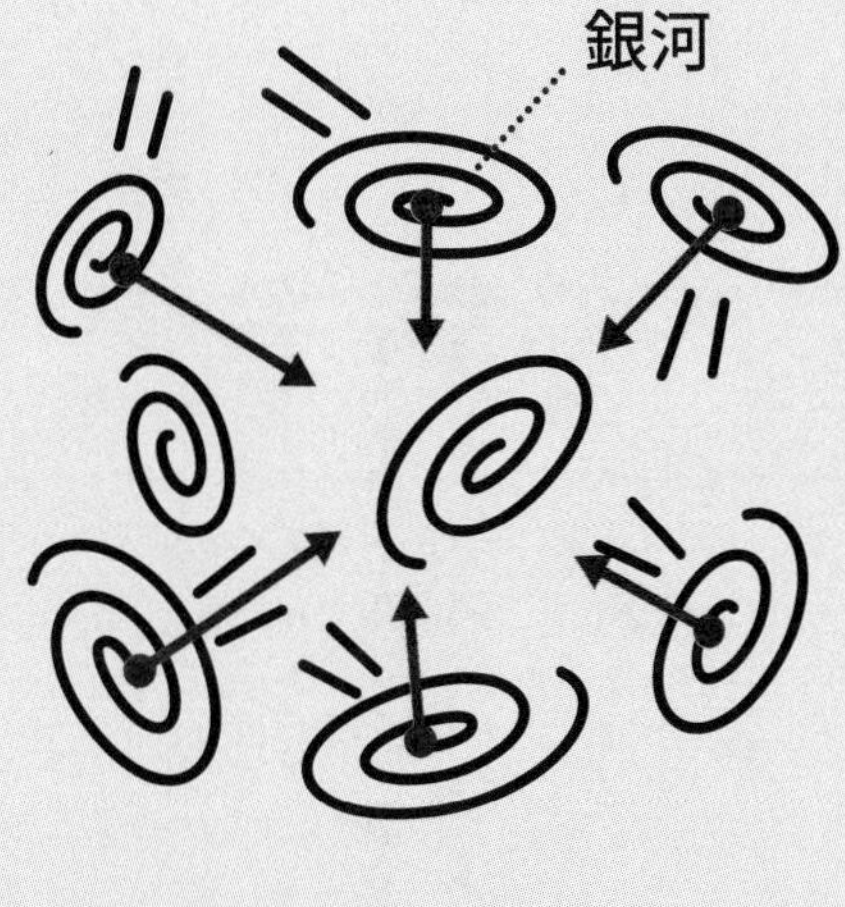

Q 宇宙の膨張は加速しているってホント?

A 60億年ほど前から膨張は加速している

ダークエネルギーが膨張の原因

宇宙が膨張していることが明らかになったのは、１９２０年代のことです。

アメリカのカーネギー天文台の研究者、エドウィン・ハッブルは宇宙に存在する銀河が、地球から遠いものほどより大きな速度で遠ざかっていることを発見し、宇宙が膨張していることがわかったのです（ハッブル・ルメートルの法則）。

しかし、その当時は宇宙の膨張は、ビッグバンの勢いで続いているのであって、いずれ膨張のスピードは落ち、やがて収縮していくのではないかと考えられていました。

ところが、１９９８年。驚くべき発見がありました。**それは宇宙の膨張は、加速しているというものでした。**

遠方の銀河の超新星を観測したところ、60億年ほど前を境に、それ以前は理論的な予測値よりも明るく、それ以降は暗いことがわかったのです。

予測値よりも暗くなっているということは、星が遠ざかる速度が大きくなっている、すなわち、膨張が加速しているということになるのです。

このように宇宙を膨張させるエネルギーを「ダークエネルギー」と呼んでいます。

ビッグバンのきっかけとなったインフレーションで、宇宙を急膨張させた「真空エネルギー」と同じものであると考えられています。

さまざまな観測結果から、ダークエネルギーは水素やヘリウムなどの通常の物質の約18倍、ダークマターの約3倍存在すると考えられていますが、多くのことはわかっていません。

しかし、このダークエネルギーが膨張する宇宙の未来に関わっていることは間違いありません。

膨張を続ける宇宙の未来図

●ビッグリップ説

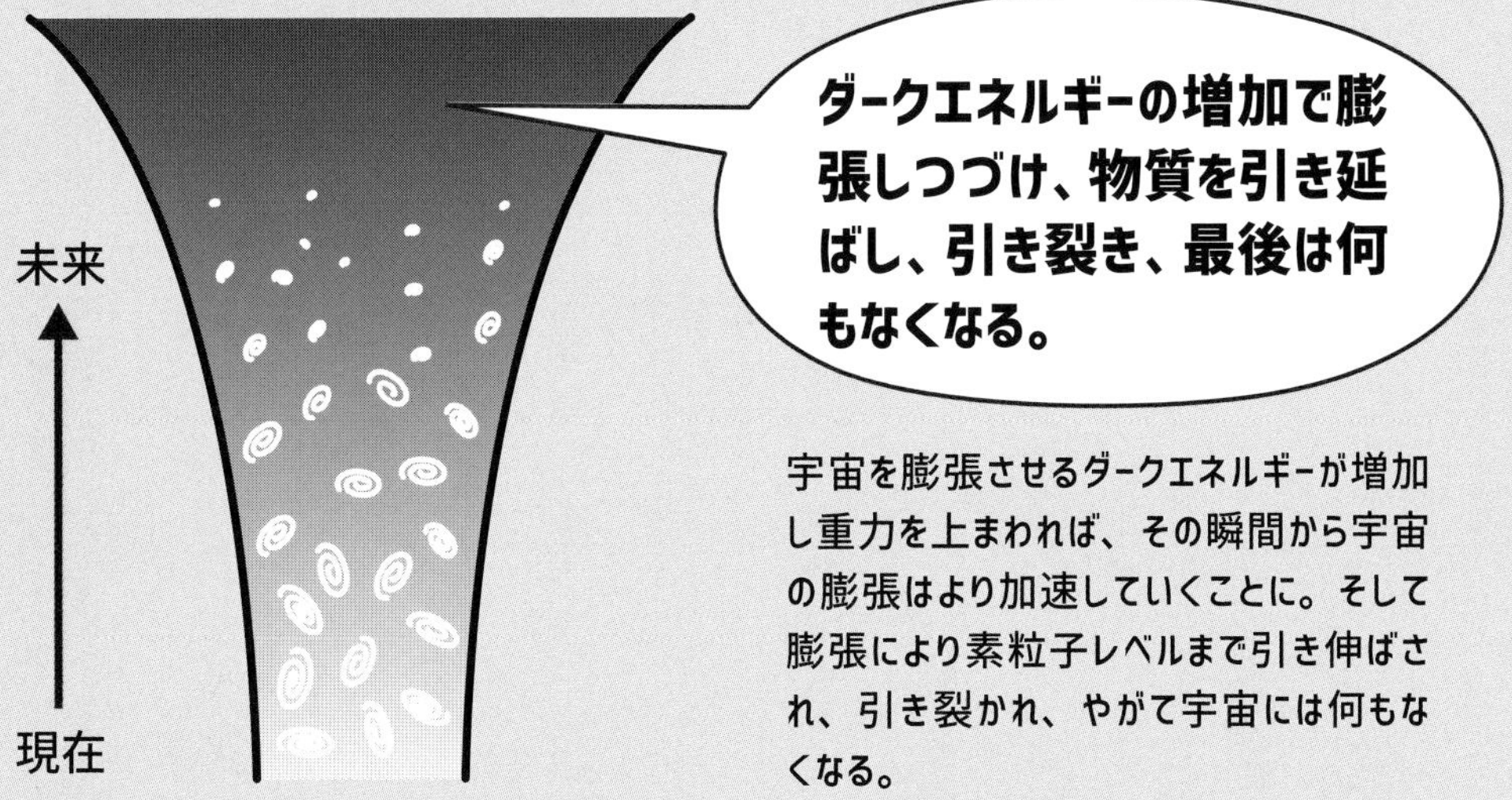
ダークエネルギーの増加で膨張しつづけ、物質を引き延ばし、引き裂き、最後は何もなくなる。
未来
現在

宇宙を膨張させるダークエネルギーが増加し重力を上まわれば、その瞬間から宇宙の膨張はより加速していくことに。そして膨張により素粒子レベルまで引き伸ばされ、引き裂かれ、やがて宇宙には何もなくなる。

●往来のビッグクランチ説
（ダークエネルギーの存在を考えない場合）

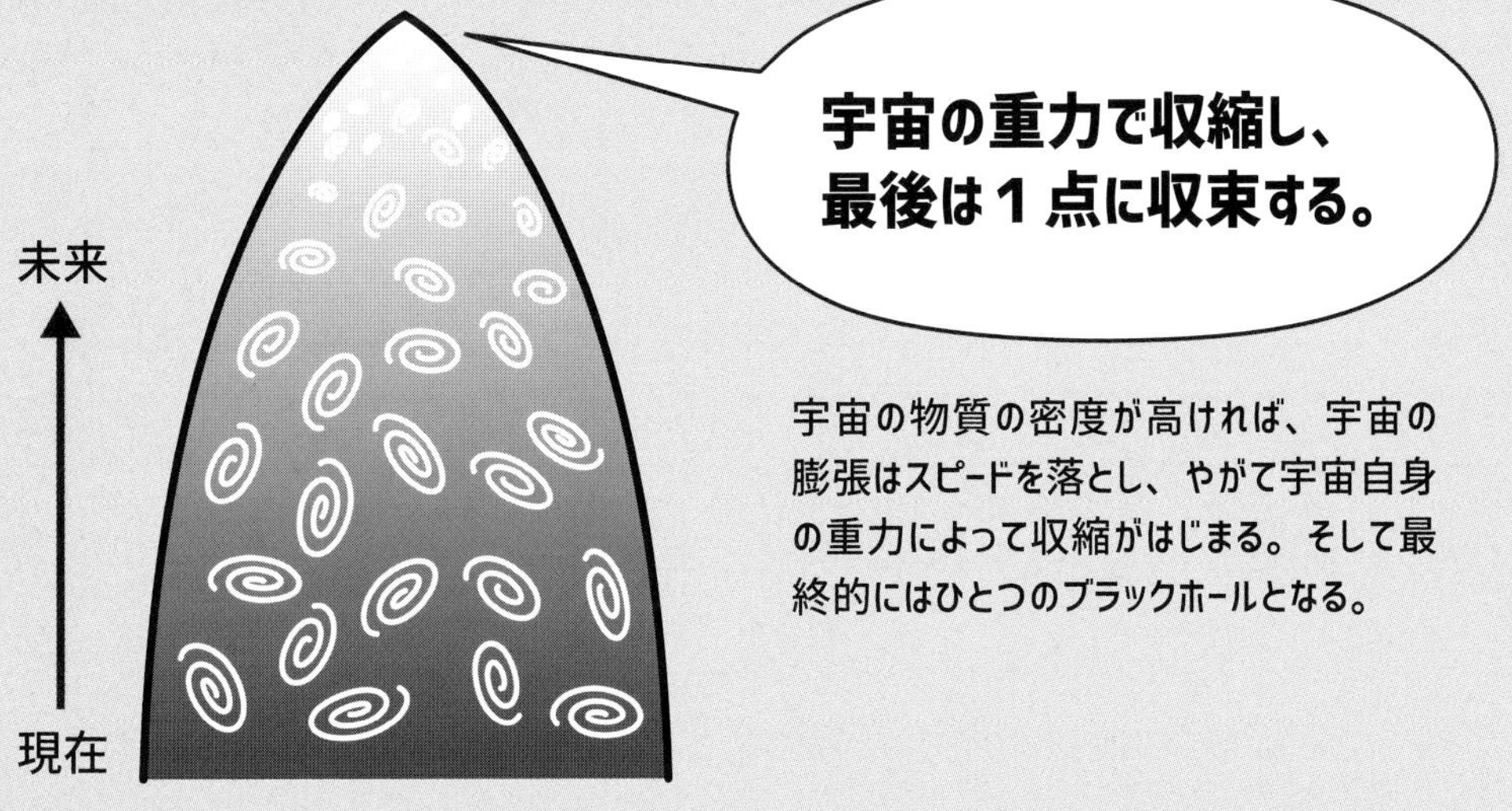
宇宙の重力で収縮し、最後は１点に収束する。
未来
現在

宇宙の物質の密度が高ければ、宇宙の膨張はスピードを落とし、やがて宇宙自身の重力によって収縮がはじまる。そして最終的にはひとつのブラックホールとなる。

Q 宇宙全体の謎を解く方程式があるの？

A アインシュタインの方程式に答えがあった

200年以上前に実証された現在の宇宙論の基礎になっているのが、「相対性理論」です。

1900年代にドイツの物理学者、アルベルト・アインシュタインが提唱した物理の理論です。

これは「物体が同じ速さで動いているならば、止まっているときと同じ物理現象が起こる」という相対性原理を理論化したものです。

アインシュタインは相対性理論で光の速度と時間と空間の関係を解き、また重力によって時空がゆがめられることも実証しました。

簡単にいえば次のようになります。

1 光速よりも速く動けるものはない。
2 光速に近い速さで動くものは、縮んで見える。
3 光速に近い速さで動くものは、時間が遅れる。
4 重いものの周りでは、時間は遅れる。
5 重いものの周りでは、空間が歪《ゆが》む。
6 重さとエネルギーは同じ。

現在の宇宙論はこの理論の上に成り立っているのです。

アインシュタインは相対性理論完成後、「静止宇宙モデル」の方程式を発表しています。それが「アインシュタイン方程式」です。

これは「宇宙は止まっていて不変」という説を証明するため、宇宙項というものを加えた式でした。

ところが、1922年、ロシアのフリードマンがアインシュタイン方程式を解き、そこに「宇宙は不変ではない」ことを示す答えが3つあると発表したのです。

皮肉な話ではありますが、はからずもアインシュタイン方程式は、変わり続ける宇宙全体の謎を解く方程式と考えられているのです。

アインシュタイン方程式

$$G_{\mu\nu}《ジー ミュー ニュー》 + \Lambda g_{\mu\nu}《ラムダ ジー ミュー ニュー》 = \kappa T_{\mu\nu}《ケー ティー ミュー ニュー》$$

宇宙項

$\Lambda g_{\mu\nu}$は、宇宙が自分の重力で１点に収縮しないよう、互いを離すように作用する力（斥力《せきりょく》）を表す宇宙項。アインシュタインが「宇宙は静止している」ことを証明するために加え、補正した。しかし、ダークエネルギーの存在がわかった現在では、宇宙に作用する未知のエネルギーを表す項として、見直されている。

フリードマンの宇宙の3つのモデル

❶閉じた宇宙

宇宙に存在する物質の密度が高く、重力が膨張する力を上まわった場合、膨張速度は遅くなって、最終的に収縮する。（ビッグクランチ説・P81）

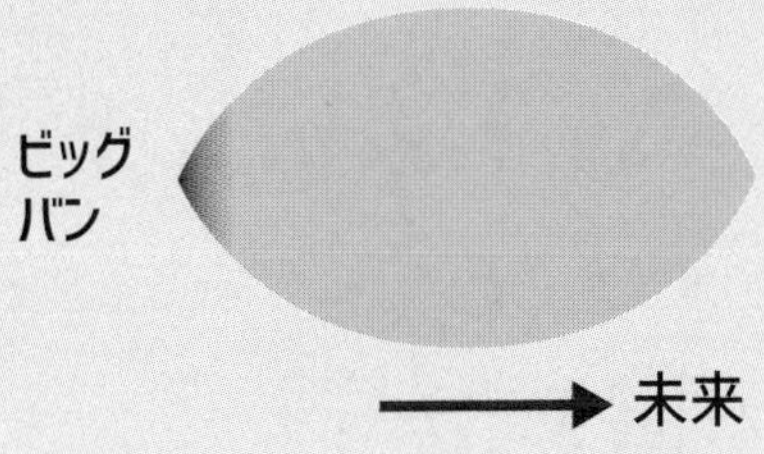
ビッグ
バン
未来

❷平らな宇宙

宇宙に存在する物質の密度が膨張する力と同じくらいだった場合、膨張は止まらず、宇宙は永遠に膨張し続ける。

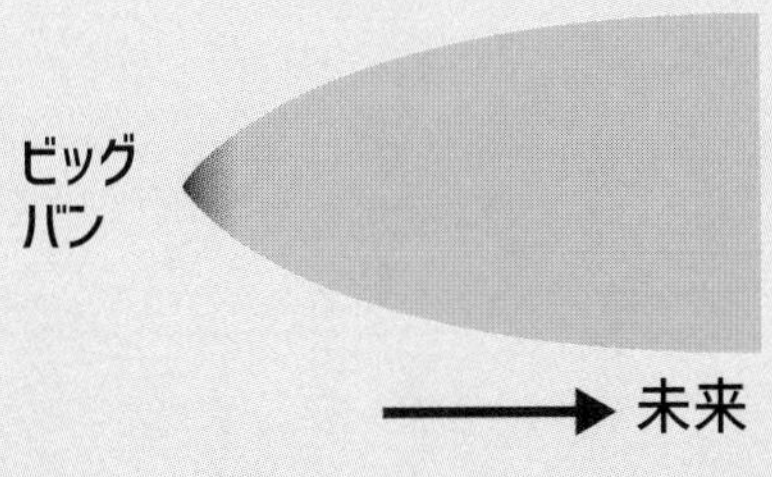
ビッグ
バン
未来

❸開いた宇宙

宇宙に存在する物質の密度が低く、膨張する力のほうが強い場合、宇宙は無限に膨張し続ける。（「閉じた宇宙」の逆）。

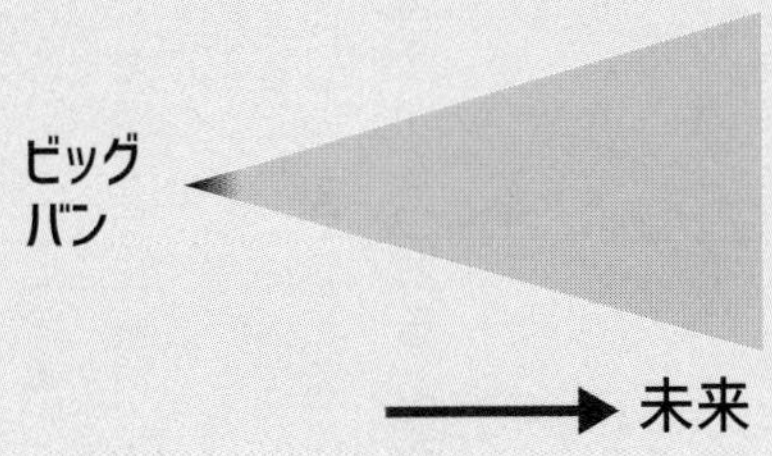
ビッグ
バン
未来

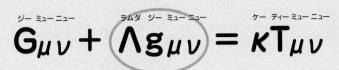

Q ビッグバンはどうして起こったの？

A エネルギーの超膨張がきっかけ

無のなかの超巨大エネルギー

138億年前、この宇宙は「無」から生まれた1点が膨張してできたと考えられています。

「無」には、「真空エネルギー」という巨大なエネルギーがつまっていました（80ページ参照）。

真空エネルギーは、「相転移《そうてんい》」という現象によって解放され、宇宙の膨張が起こりました。

相転移を簡単に説明すると、物質が気体↓液体↓固体のように変わっていくことです。

水でたとえると、水蒸気が水に変わるとき、水蒸気の熱が奪われ水になります。奪われた熱は放出されます。これがエネルギーです。

つまり相転移はエネルギーを生むということ。宇宙も、真空エネルギーが相転移によって大量のエネルギーを放出し、急激に膨張しました。

これが「インフレーション」です。

インフレーションは最初の1点からビッグバンまでの10のマイナス34乗秒の間に起こりました。これは、わずか1秒の1000兆分の1の1000兆分の1の1万分の1の間のことです。

この一瞬で、ウイルスが銀河団以上の大きさになるほどの急激な膨張が起ったのです。

インフレーションがおさまると、その際に放出された熱によって宇宙は加熱され、巨大な火の玉のようになったと考えられます。

これがビッグバンです。

巨大な火の玉は膨張を続け、やがてゆっくりと冷えていき、クォーク、電子、ニュートリノ、光子などの素粒子ができていったのです。

つまり、ビッグバンを起こしたのはエネルギーの超膨張だったのです。

最新の宇宙背景放射観測用衛星がとらえたビッグバンの光

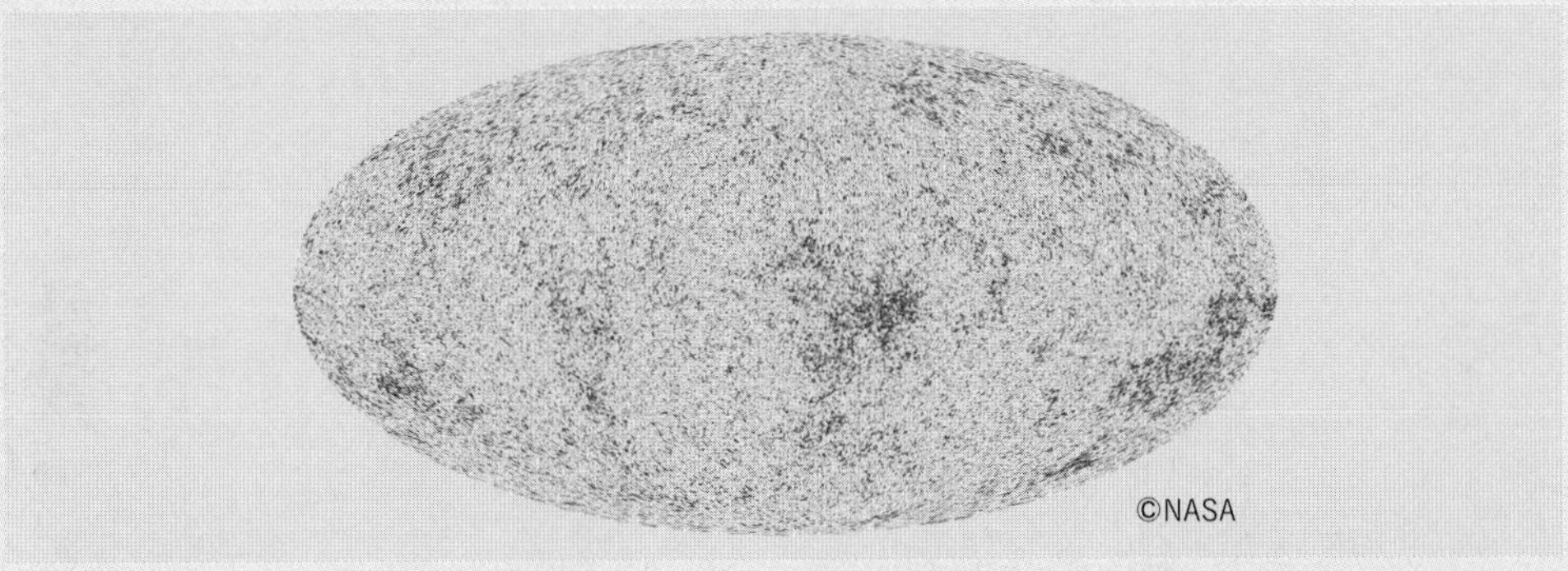

©NASA

この画像は、ESA（欧州宇宙機関）が打ち上げた衛星プランクの高性能の宇宙望遠鏡によって撮影された、138億年前に起こったビッグバンから残った光。ビッグバンから約30万年経った「宇宙の晴れ上がり」（16ページ参照）のころの、かすかな「ゆらぎ」を捉えたもの。

進化する宇宙背景放射観測衛星

下の画像は、宇宙背景放射観測を任務として打ち上げられた衛星の画像の進化を比べたもの。

©NASA

COBE

NASAによって1989年に打ち上げられた。目的は宇宙マイクロ波背景放射（CMB）を観測することだった。画像レベルが低いのがわかる。

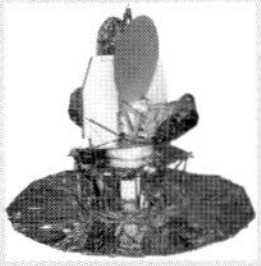

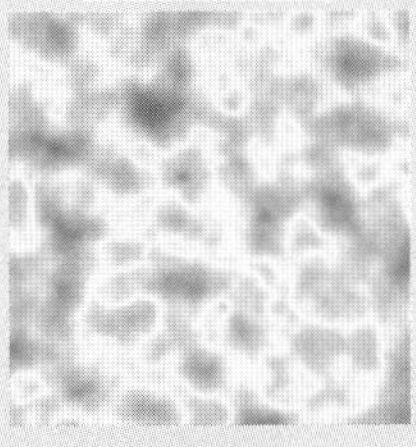

WMAP

NASAによって2001年に打ち上げられたCOBEの後継機。ビッグバンの名残の熱放射である宇宙マイクロ波背景放射（CMB）の温度を全天にわたって観測することが目的。現在でも重要な観測を続けている。

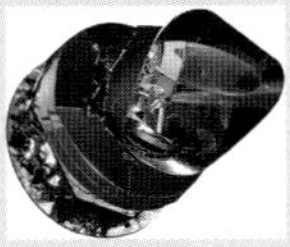

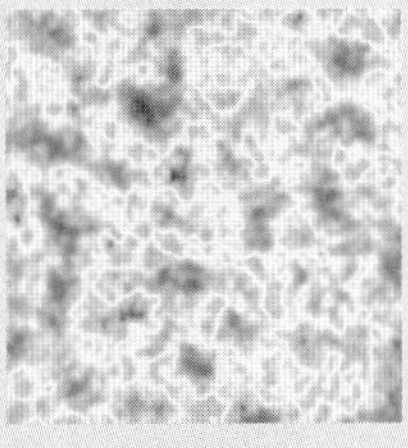

Planck

ESA（欧州宇宙機関）が2009年に打ち上げた衛星。2013年3月21日に、全天の宇宙背景放射マップが公開された（上の画像）。NASAのWMAPが観測したデータよりも高精度な宇宙背景放射マップが完成し、これによって宇宙の年齢も約138億年であることが確認された。

Q 宇宙はいくつもあるの？

A 異次元空間に無限に存在する？

宇宙は無限に増えている!?

インフレーションとビッグバンによってこの宇宙が誕生した、とお話ししましたが、ここに注目すべき仮説があります。

それは「マルチバース（多重宇宙）理論」です。インフレーション理論を最初に提唱した東京大学の佐藤勝彦名誉教授が提唱している理論です。

宇宙は真空エネルギーが相転移して（インフレーション）、ビッグバンを経て形ができました。

しかし、相転移は同時に起こるものではなく、必ず局所的に始まるものです。

たとえば水が凍るとき、一瞬で全体が凍るわけではありません。一部分から凍りはじめますよね。

これと同じで、宇宙においても相転移は、局所的に始まったはずです。

つまり、相転移が終わったところと、まだ相転移の途中のところが混在していたと考えられます。

相転移が終わった空間では、膨張が始まります。すると相転移途中の空間は膨張から取り残されます。

しかし、相転移途中の空間の内側ではインフレーションによる急激な膨張が起きているはず。

膨張の速度が遅い空間でも、内側は急膨張している。そんなことがあり得るのでしょうか。

実はこのときに、アインシュタインの相対性理論から導き出される「ワームホール（時空のある1点とほかを結ぶ空間領域）」ができているというのです。つまり異次元空間です。

最初にインフレーションが起きた宇宙が母宇宙。その中にワームホールに子宇宙ができ、その中に孫宇宙ができる。こうして宇宙の多重発生が起き、宇宙は無限に存在することになるのです。

マルチバースのイメージ図

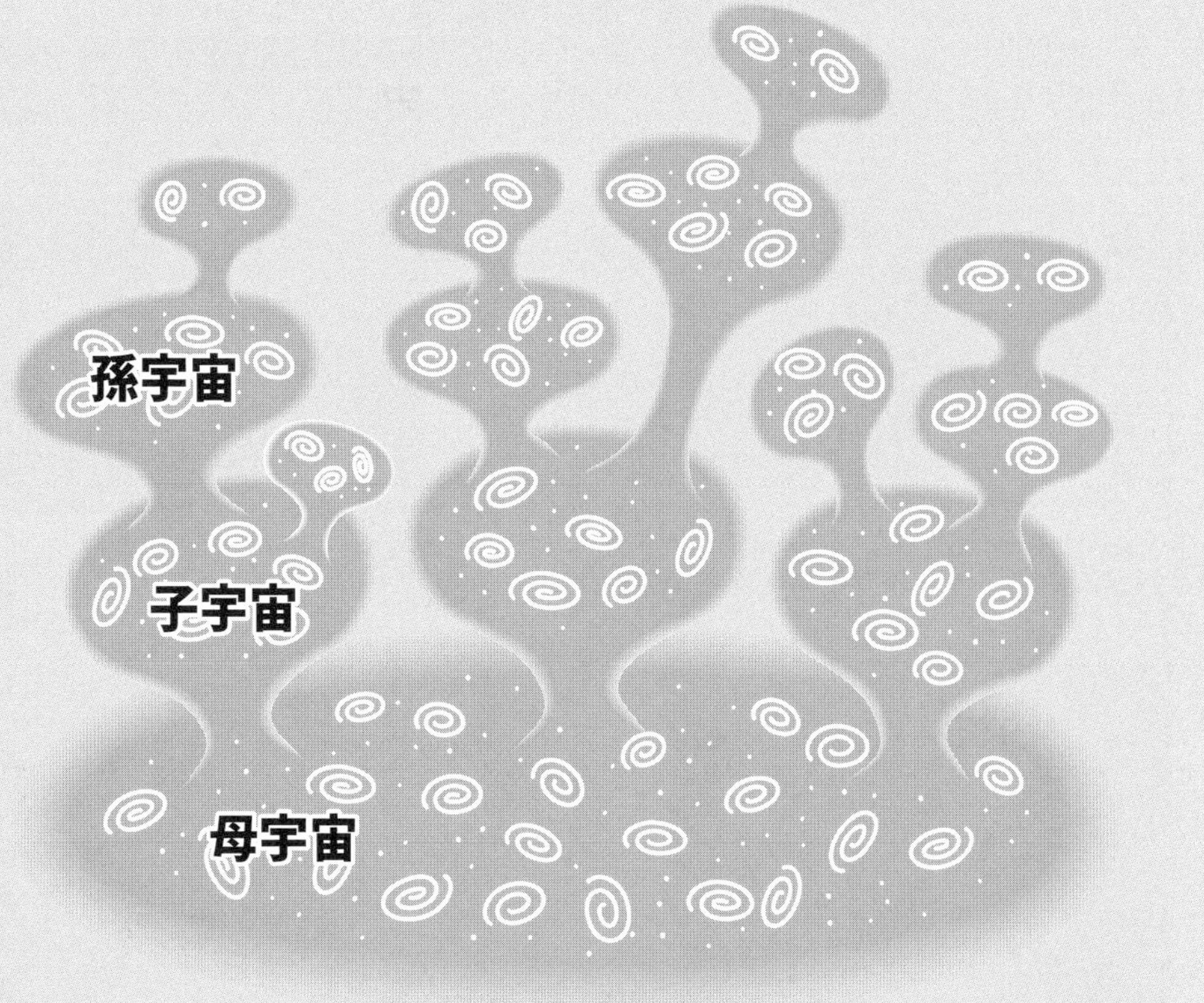

相転移による多重発生によって、無限に宇宙は生まれている。しかし、ワームホールのなかにできた子宇宙と母宇宙は、ワームホールが途中で切れてしまうため、因果関係がない。つまりお互いの存在すらわからない、全く別の宇宙ということになる。

Column

太陽系外惑星系トラピスト1に7つの地球型惑星を発見

2017年、**地球から約40光年離れた太陽系外惑星系TRAPPIST-1（トラピスト1）に地球型惑星が7個発見されました。**TRAPPIST-1は赤色矮星で、数は太陽のような恒星よりも多く、さらに1つの恒星にこれだけ地球型惑星が発見されたことは、宇宙全体で相当数の地球型惑星が存在すると考えられます。さらに、**今回の惑星の少なくとも3つはハビタブル・ゾーン（P25参照）に位置しており、大気があれば海の存在を示唆していて、生命を育む環境である可能性もあります。**

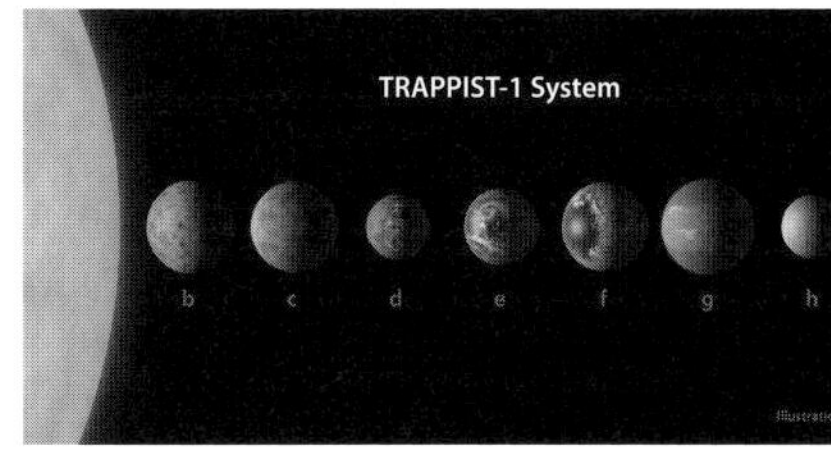

太陽系外惑星系TRAPPIST-1の想像図
NASA/JPL-Caltech

監修者紹介

渡部潤一（わたなべ じゅんいち）

1960年、福島県生まれ。1983年、東京大学理学部天文学科卒業、1987年、同大学院理学系研究科天文学専門課程博士課程中退。東京大学東京天文台を経て、現在、自然科学研究機構国立天文台副台長・教授。総合研究大学院大学教授。太陽系天体の研究のかたわら最新の天文学の成果を講演、執筆などを通してやさしく伝え、幅広く活躍している。
主な著書は、『第二の地球が見つかる日』、『最新 惑星入門』（以上、朝日新書）、『面白いほど宇宙がわかる15の言の葉』（小学館101新書）、『新しい太陽系』（新潮新書）など多数。

参考文献
•『別冊 ニュートンムック 宇宙誕生から時空を一望する宇宙図』（ニュートンプレス）
•『別冊 ニュートンムック 太陽系の成り立ち 誕生からの1億年』（ニュートンプレス）
•『別冊 ニュートンムック 地球と生命 46億年のパノラマ』（ニュートンプレス）
•『宇宙ってこんな！』 金子隆一監修（日本文芸社）
•『ぜんぶわかる宇宙図鑑』 渡部潤一監修（成美堂出版）
•『宇宙の大地図帳』 渡部潤一監修（宝島社）
•『知識ゼロからの宇宙入門』 渡部好恵著 渡部潤一監修（幻冬舎）
•『宇宙最新情報完全解説』 渡部潤一監修（笠倉出版）
•『宇宙はなぜこんなにうまくできているのか』 村山斉著（集英社インターナショナル）
•『宇宙ロマン』 渡部潤一監修（ナツメ社）
•『宇宙のすべてがわかる本』 渡部潤一監修（ナツメ社）

図解《ずかい》 最新《さいしん》 宇宙《うちゅう》の話《はなし》

2020年6月30日 第1刷発行

監修者 渡部潤一
発行者 吉田芳史
印刷所 図書印刷株式会社
製本所 図書印刷株式会社
発行所 株式会社日本文芸社
〒135-0001 東京都江東区毛利2-10-18 OCMビル
TEL 03-5638-1660［代表］
URL https://www.nihonbungeisha.co.jp/

Printed in Japan 112200608-112200608 Ⓝ 01 (301001)
ISBN978-4-537-21810-7
編集担当・水波 康

※本書は、小社刊、2018年3月発行『眠れなくなるほど面白い 図解 宇宙の話』を元に、新規原稿を加え、再編集したものです。

内容に関するお問い合わせは、小社ウェブサイトお問い合わせフォームまで。
https://www.nihonbungeisha.co.jp/